Faszination *Pilze*

Felix Labhardt: Fotos
Till Reinhard Lohmeyer: Text

Faszination Pilze

Blick in eine rätselhafte Welt

blv

Inhalt

Vorwort

Pilze sammeln kann eine Notwendigkeit sein, ein Freizeitvergnügen oder eine Leidenschaft. Es gibt noch immer Länder und Landschaften in Europa, in denen die herbstliche Pilzjagd und das anschließende Kochen und Einwecken der Ernte für viele Menschen Wirtschaftsfaktoren sind. Nach schlechten Pilzjahren ist die Speisekammer ärmlich bestückt, die kostenlose Beikost entfällt, das Lebensmittelbudget einer Familie wird durch notwendige Zukäufe stärker beansprucht.

Wo anderswo die Wirtschaft blüht und die Lebensmittelpreise im Vergleich zum Realeinkommen immer geringer werden, wo gleichzeitig die Zeit knapp und das Leben hektisch geworden ist, wandelt sich die Notwendigkeit zum Vergnügen – man sucht Erholung in frischer Luft, den Urlaubsspaß, Beschäftigung für sich selbst und die Kinder, überlässt sich den uns allen innewohnenden Residuen urzeitlicher Jäger- und Sammlerinstinkte, genießt den wiederholten kleinen Triumph der Entdeckung. Man lernt auch – in Maßen – dazu, erweitert sein Wissen anhand bebilderter Pilzbücher, probiert die eine oder andere neue Art aus und schwelgt im Wohlgeschmack des Selbstgesammelten, Nichtgekauften. Im Einweckglas retten die vor der Ferienwohnung aufgefädelten und getrockneten Steinpilzscheiben einen warmen Sommerhauch in den Winter hinüber.

Die wissenschaftliche Leidenschaft ist eine andere, obwohl sie oft die gleichen kulinarischen Wurzeln hat. Das Erkenntnisstreben verlagert sich jedoch zusehends auf die intellektuelle Ebene: Plötzlich fasziniert der übers Holz krustende Rindenpilz, der so unscheinbar ist, dass ihn bislang weit und breit kein Mensch auch nur wahrgenommenen hat, weit mehr als ein Korb voller Pfifferlinge oder Totentrompeten; ein kurioser Erdstern mit sandpapierartig rauer Innenkugel – man nennt sie jetzt »Endoperidie«, die neuen Fachausdrücke fliegen einem zu – begeistert mehr als eine stramme Rotkappe am altvertrauten Platz. Das Mikroskop erschließt neue Dimensionen, und oft geschieht es, dass die Entdeckung eines nur wenige Tausendstel Millimeter kleinen Details, sei es die Oberflächenskulptur einer Spore oder die Pigmentverteilung in einer Huthautzelle, den Unterschied zwischen Allerweltsart und Rarität ausmacht und zeitversetzt neue Entzückung hervorruft. Mykologie – die Lehre von den Pilzen – kann richtig spannend sein.

Der Textautor dieses Buches bekennt sich zu dieser Leidenschaft, die – wie jede Leidenschaft – mit rationalen Erklärungen nicht ausreichend begründet werden kann. Sie befiel ihn schon früh, mit zwölf oder dreizehn Jahren, wurde gefördert durch eine verständnisvolle Familie und nicht – oder jedenfalls nicht primär – durch die Mühle der beruflichen Verwertbarkeit gedreht. Die Faszination erschloss ihm Sprachen und ferne Länder, öffnete ihm Türen, die sonst verschlossen ge-

Foto S. 6/7: Morgensonne im spätsommerlichen Buchen-Hochwald: Die Pilzpirsch kann beginnen.

blieben wären, begründete prägende Freundschaften und bewahrt dem Älterwerdenden den Kontakt zu nachfolgenden Generationen.

Der vorliegende Bildband ist kein Pilzbestimmungsbuch im herkömmlichen Sinn; er ersetzt es auch nicht, sondern ergänzt es. Er verbindet die künstlerische Faszination und technische Perfektion eines Fotografen, dem es die vergängliche Ästhetik der Pilze angetan hat, mit den Beobachtungen des begeisterten Freizeitmykologen, der in annähernd vier Jahrzehnten das riesige Reich der Pilze aus verschiedenen Perspektiven zu sehen gelernt hat – als langjähriger Pilzberater, als Entdecker bis dato unbeschriebener Arten, als engagierter Naturschützer, aber auch als Weltreisender und Literat.

Geometrische Strukturen im Verborgenen: Bittere Zwergknäuelinge *(Panellus stypticus)* auf der Unterseite eines abgefallenen Eichenastes (s. auch S. 96).

Rote Hüte, grüne Zwerge, bunte Milch: Farben und Formen der Pilze

Foto S. 10/11: Bunte Schmetterlingsporlinge *(Trametes versicolor)* auf einem Buchenstamm.

Wer ist der Schönste im ganzen Land?

Wer kennt sie nicht, die »Männlein im Walde« mit ihren leuchtend roten, weiß betupften Kappen? Da stehen sie in Kreisen und Halbkreisen im Dunkel der Fichtenschonung, wie von Sirenengesang über Nacht aus dem Waldboden gelockt und dann allein gelassen; bedrohlich, da bekanntermaßen giftig, und doch seit alters her ein Glückssymbol, und sei es nur deshalb, weil sich in ihrer Nähe oft prächtige Steinpilze finden, die man

Giftige Glückssymbole: zwei »halbwüchsige« Fliegenpilze *(Amanita muscaria)* am Waldesrand.

ohne den augenfälligen Fliegenpilz in ihrer Nachbarschaft gar nicht entdeckt hätte.

Für Kinder ist der erste Fliegenpilz *(Amanita muscaria)* oft ein unvergessliches Erlebnis. Das ältere Exemplar mit der schon leicht aufgebogenen Hutkrempe und nur noch ein paar zerstreuten Flocken auf dem roten Dach wird zum Papa ernannt, daneben das Exemplar mit den rundlichen Formen zur Mutter, und die kleinen, die gerade ihre Hüte aus der Nadelstreu schieben, sind der Nachwuchs.

Aber ist er wirklich der »buntes-te«, der »schönste« gar unter unseren heimischen Pilzen? Da sind mir über die Jahre doch Zweifel gekommen.

Das aufregendste pilzkundliche »Farberlebnis« wiederholt sich für mich Jahr für Jahr im Vorfrühling, während oder kurz nach der Schneeschmelze. Auch wenn die Haseln schon Kätzchen tragen und längs der Wege der Huflattich seine gelben Kronen entfaltet – noch beherrscht das Grau der Winterruhe die Natur, das matte Braun von Rinde und feuchtem Laub. In den Auen und an den Steilufern von Lech und Isar, Inn und Salzach, den großen Voral-

Olivgelbe Holzritterlinge *(Tricholomopsis decora)*: Die farbenprächtigen, mit feinen, faserigen Schüppchen geschmückten Hüte fallen im dunklen Bergnadelwald besonders auf.

penflüssen, durch die bald Schmelzwasserfluten aus dem Gebirge nordwärts treiben werden, erscheint zu dieser Zeit auf feucht liegenden, vermodernden Ästen der Scharlachrote Kelchbecherling *(Sarcoscypha austriaca)*. An wasserzügigen Hängen und in Quellsümpfen leuchten oft Dutzende hervor – und ihr Rot ist so marktschreierisch grell, dass Freund Fliegenpilz, gäbe es ihn zu dieser Zeit schon, vor Neid schier erblassen müsste!

Spektakulär der Kontrast, wenn Märzenbecher und Schneeglöckchen bereits erblüht sind und Weiß und Grün den roten Kelch umrahmen! Oder wenn über Nacht noch einmal später Schnee gefallen ist und die düstere, modrige Erde am Standort bedeckt: Bei flüchtigem Hinsehen könnte man glauben, ein waidwundes Tier habe hier große Blutstropfen verloren.

Der Scharlachrote Kelchbecherling galt jahrzehntelang außerhalb des Alpenvorlands und der Mittelgebirge als große botanische Rarität. In Wahrheit kommt er durchaus auch im Flachland vor, man muss nur zu ungewöhnlicher Jahreszeit geeignete Stellen aufsuchen. Wissenschaftler haben inzwischen auch herausgefunden, dass es sich nicht um eine, sondern um drei verschiedene Arten handelt – getrennt durch mikroskopische Merkmale und unterschiedliche Substratwahl.

Gegen Ende April verschwinden die roten Kelche. Es ist fast so, als zögen sie sich schmollend zurück, wenn die Blütenpflanzen das Terrain erobern, wenn Gräser und Blumen sie überwachsen und ihnen das Farbmonopol streitig machen.

Rot wie Blut: Scharlachrote Kelchbecherlinge *(Sarcoscypha austriaca)* kurz nach der Schneeschmelze auf einem bemoosten Ast.

Goldgelbe Zitterlinge *(Tremella mesenterica)* haben einen Laubholzzweig besiedelt. Man findet sie hauptsächlich im Winterhalbjahr.

Kunterbunte Saftlings-Schar

Ein anderes Bild – doch wieder grelle Farben! Verschwenderisch geht die Natur mit ihren Pigmenten um, und was ihr bei den Orchideen recht ist, ist ihr bei den Pilzen billig. Am reichsten bedacht hat sie in dieser Hinsicht die Gattung *Hygrocybe*, kleine bis mittelgroße Blätterpilze mit dem prosaischen deutschen Namen »Saftlinge«. Schlüpfrige Gestalten sind unter ihnen, schleimhütige und trockenstielige, solche mit trockenen Schüppchen auf der bunten Kappe und wieder andere, die sich anfühlen wie kühles Wachs – »waxcaps« heißen sie deshalb in England.

Wo finden wir diese farbenfrohe Schar? Mit etwas Glück können wir ihnen gleich auf dem kleinen Streifen Trockenrasen neben dem Bahndamm begegnen. Häufiger

Ungedüngte Magerwiesen sind wahre Schatzkammern für seltene und bedrohte Pilzarten. Hier der Kirschrote Saftling *(Hygrocybe coccinea)* auf einem Borstgrasrasen in Niederbayern.

sieht man sie noch in den Bergen, an einem milden Oktobertag zum Beispiel, wenn der Föhn die letzten Nebelfetzen über die Almen treibt. Oder auf feuchten Wiesen am Rande des Moors und zwischen nassem Sumpfmoos am Torfstich. Wir finden Saftlinge auch in den grauen Dünen hinter dem Strand, auf den Wacholderwiesen des Fränkischen und Schwäbischen Jura – und gar nicht so selten auf den Grasflächen von Segelflugplätzen und in jenen kleinen Naturreservaten, die auf einstigen Truppenübungsplätzen entstanden sind. All diesen Standorten ist gemeinsam, dass sie von einer intensiven landwirtschaftlichen Nutzung mit ihren Kunstdüngermassen und Fungiziden verschont geblieben sind. Einige wenige Saftlinge nehmen sogar mit dem Zierrasen im Garten und dem kleinen Grasstreifen zwischen Bundesstraße und Radfahrweg vorlieb.

Auf die schönste Saftlingswiese weit und breit machte mich vor einigen Jahren ein Ehepaar aus Niederbayern aufmerksam. Ich will nicht verraten, wo sie liegt, damit ihr größerer Pilztourismus erspart bleibt (zu viele Mykologen können – leider – auch den Standort gefährden). Nur soviel: Der Landwirt, dem sie gehört, freut sich über sein kleines Pilzparadies am Waldrand und mäht es einmal im Jahr, damit es nicht verbuscht. Im September und Oktober wächst hier ein Saftling neben dem anderen: Der schrillste Gast auf der Party ist *coccinea*, der Kirschrote, mit fünfmarkstückgroßen glatten Hüten. Ihm beigesellt in bescheidenerem lichtem Gelb sehen wir *chlorophana* mit den transparenten Stielen. Der extravaganteste ist *psittacina*, der »Papageigrüne«, der seinem Namen alle Ehre macht; der glitschigste, der beim Abpflücken durch die Finger flutscht, als wolle er zurückspringen in die Wiese wie ein gefangener Fisch ins Wasser, ist der ziegelrotbraune *laeta*, den man auf deutsch den »Freudigen« nennt. Zwischendrin hie und da stehen *irrigata* in ungewohnt seriösem Grau und *ingrata*, groß wie ein Ritterling, graubraun, aber an Druckstellen rötend wie ein Perlpilz und mit dem unverkennbaren Geruch nach überchlortem Hallenbad.

Der Papageigrüne Saftling *(Hygrocybe psittacina)* kommt gelegentlich auch in Wäldern vor. Hier wuchs er unter Eichen an einem Südhang.

Auf der Suche nach Keulen und Erdzungen

Nährstoffarme, moos- und kräuterreiche Wiesen beherbergen aber auch noch andere, unscheinbare Pilze, die nur der aufmerksame Naturfreund entdeckt: Gelbe, schwarze, weiße, rotbraune oder tiefgrüne Keulchen, in perfekter Mimikry zwischen die Halme geduckt und dennoch mit den Spitzen auf geradem Wege oder spiralig-gedreht wie eine Wendeltreppe ans Tageslicht strebend. Die gelben und weißen, so die Faustregel, sind echte Keulen aus der Verwandtschaft der prächtigen Korallenpilze. Bei den schwarzen, rotbraunen und grünen hingegen handelt es sich meist um »Erdzungen«. Der zutreffende Name ist eine Übersetzung der schon im Original poetisch klingenden wissenschaftlichen Bezeichnung *Geoglossum*.

Mykologen, die sich auf diese auch in ihren mikroskopischen Strukturen äußerst attraktiven Arten spezialisiert haben, suchen nicht, oder jedenfalls nicht immer, wie herkömmliche Pilzsammler, zweibeinig in gebückter Haltung geeignete Standorte ab, sondern sie kriechen, wie Sherlock Holmes auf der Suche nach dem entscheidenden Indiz, auf allen Vieren über die Wiese, und selbst die Lupe in ihrer Hand erinnert an den berühmten Detektiv. Sie breiten manchmal, einer Devise des – in ihren Kreisen! – hoch verehrten britischen Schlauchpilzexperten R. W. G. Dennis folgend, einen Regenmantel in einen Graben, um sich bäuchlings darauf zu legen und den gesuchten Objekten auf diese Weise noch ein Stückchen näher zu kommen. Andere, die auf härteren Böden millimeterkleinen moosparasitischen Scheibchen aus der Gattung *Octospora* nachspüren, tragen ledernen Knieschutz aus der Motorradfahrergarderobe und werden an den ungewöhnlichsten Standorten fündig: Wenige Meter vom Trave-Ufer bei Lübeck siedelte eine bis dato unbekannte Art im Moos

Die Goldgelbe Wiesenkeule (*Clavulinopsis helvola*) ist nur wenige Zentimeter hoch. Sie zu finden erfordert Geduld, Spürsinn, ökologische Vorbildung – und Glück!

zwischen den Kopfsteinpflasterfugen; reich ist die Artenzahl auf Moosen alter Kalksteinmauern und -wälle in pfälzischen Weinbergen, und selbst in den Mauerspalten eines ehrwürdigen süddeutschen Doms fanden sich Moose mit pilzlichen Begleitern.

Das Verhalten dieser Spezialisten mag manchem kurios und kauzig vorkommen, aber vergessen wir eines nicht: Das menschliche Erkenntnisstreben hat noch nie Halt gemacht vor Dingen, die unserer täglichen Erfahrenswelt fern, zu unauffällig oder zu klein, zu weit entfernt oder zu gigantisch sind.

Der Blaugrüne Träuschling *(Stropharia caerulea)* wächst in Laubwäldern und Gärten, gelegentlich auch auf moosigen Wiesen. Von den Saftlingen unterscheiden ihn seine dunkel purpurbraunen Sporen.

Mit Brillen, Lupen und Mikroskopen, mit Feldstechern, Fernrohren und computergesteuerten Teleskopen eröffnete es sich neue optische Dimensionen. Ob sich unser Forscherdrang am Ende auf die Genetik des Blauwals, das Aufspüren von Kometen in den Tiefen des Weltalls – oder aber eben auf Morphologie und Verbreitung der Olivgrünen Erdzunge richtet, und mit welchen

Methoden dies geschieht, ist – im Grunde – sekundär. Jeder, der sich an diesem Spiel beteiligt, trägt sein Schärflein zu Erweiterung unseres Wissens bei – wie die Ameise, die Fichtennadel um Fichtennadel heranschleppt, um den großen Ameisenhaufen wachsen zu lassen.

Fertig wird sie nie.

Die beiden Fotos illustrieren die Wandlungsfähigkeit der Pilze: links die rosettenförmigen Fruchtkörper der Rötenden Tramete *(Daedaleopsis confragosa)*; unten dieselben Pilze einige Wochen später.

Überraschung in Australien

Januar 1989, Sydney, Australien, irgendwo im Westen dieser nicht enden wollenden Metropole am Pazifik, deren Nord-Süd-Ausdehnung über 100 Kilometer beträgt. Heftige Gewittergüsse haben den Boden durchtränkt, doch seit ein paar Tagen brennt die Sonne wieder so heiß wie eh und je im australischen Sommer auf die Stadt hinunter.

Überall in diesem Naherholungsgebiet mit seiner reichhaltigen Baumflora wachsen Pilze. Sie brechen aus nassen Rasenflächen, nacktem Boden und dem Unterholz hervor, besiedeln in großen Kolonien die abgefallenen Äste der mächtigen Eukalypten. Meine mitteleuropäische Pilz-Bildung ist hier kaum was wert. Gewiss, man erkennt natürlich einen Lamellenpilz, einen Röhrling, einen Täubling – Familien und Gattungen also, aber die Art? Kaum eine Chance! Später werde ich eine Schätzung lesen, der zufolge überhaupt erst 5 % der australischen Großpilzflora bekannt sind. Ein Mikroskop habe ich auf dieser Reise nicht mitnehmen können, also muss ich mich auf Kamera und Notizbuch verlassen, um ein paar wenige Eindrücke aus dieser Überfülle festzuhalten.

»*Acacia sylvestris*« steht dankenswerterweise auf einem Schild neben einem Baum. Die echten Akazien sind Australier! Unsere einheimischen Robinien *(Robinia pseudoacacia)* sollte man lieber nicht so nennen, sonst ergeht es einem wie jenem namenlosen Texter der Post AG, der auf dem philatelistischen Schmuckblatt zu Ehren des berühmten deutsch-australischen Botanikers Ferdinand von Müller Eukalyptusbäume mit Ebereschen verwechselte... Aus einer Stammwunde der Akazie wachsen knapp über dem Erdboden zwei gestielte Porlinge heraus, die mich an unsere europäischen Lackporlinge erinnern. Der Glänzende Lackporling *(Ganoderma lucidum)* mit seinem gedrechselten Stiel und der schimmernden »Lack«-Kruste ist eine der merkwürdigsten Pilzgestalten unserer Heimat.

Als ich den holzig-harten »Australier« näher betrachte, bemerke

Der Tintenfischpilz *(Clathrus archeri)* – einst Zuwanderer aus Australien, inzwischen längst »eingebürgert« (s. auch S. 72f.).

Amauroderma rude **in einer Parkanlage in Sydney (Australien): Die Poren verfärben sich auf Druck zunächst blutrot und dann tiefschwarz.**

ich einen blutroten Fleck auf der weißen Porenschicht der Hutunterseite. Er hat sich an einer Stelle gebildet, die ich eben noch mit meinem Daumen berührt habe. Aha, eine Verfärbung, so etwas kennt man von daheim... Ich greife zu Kamera und Stativ. Als ich alles aufgestellt habe, ist der rote Fleck verschwunden, oder besser gesagt: Der Fleck ist noch da – aber er ist teerschwarz! Wer die rote Phase fotografieren will, muss schneller reagieren.

Ich habe den australischen Porling letztlich doch bestimmen können, denn er ist bei unseren Antipoden ziemlich häufig und gut bekannt. Einen deutschen Namen hat *Amauroderma rude* natürlich nicht, doch die Verwandtschaft mit unseren Lackporlingen steht außer Frage. Einige Jahre später habe ich auch in Deutschland einen Porling kennengelernt, dessen anfangs weiße Poren die gleiche Farbreaktion zeigen: Erst ein »empörtes« Rot-Anlaufen, als wolle der Pilz seinen Zorn gegen die ungebetene Berührung zum Ausdruck bringen, dann das rasche Umschlagen in unansehnliches Schwarz. Der Blutende Glasporling *(Physisporinus sanguinolentus)* ist freilich, anders als der australische Pilz, ein völlig unscheinbares Gewächs, das sich hut- und stiellos über modrigem Holz ausbreitet und fast nur von Spezialisten gefunden wird.

Pilz-Chamäleons

Der Biochemiker spricht von »Oxidationsprozessen«, die durch die plötzliche Luftzufuhr ausgelöst werden, der Feld-, Wald- und Wiesenmykologe von »Verfärbungen«. Farbwechsel verschiedenster Art sind in der Pilzwelt weit verbreitet: Oft ist es das Fleisch, das auf Druck oder bei Verletzung intensiv anläuft, manchmal ein im Pilz enthaltener Saft, und nicht selten ist es auch der natürliche Reifungs- und Alterungsvorgang, der aus einem weißen Saulus einen roten Paulus macht.

Im Tier- und Pflanzenreich kennen wir Schreck- und Lockfarben, die Fressfeinde in die Flucht schlagen und potenzielle Geschlechtspartner oder Bestäuberinsekten anziehen sollen. Bei den Pilzen helfen derartige Erklärungen nur partiell weiter, etwa im Fall des Tintenfischpilzes (s. S. 21 und 74), der seine Sporen mithilfe von Insekten verbreitet. Warum sich der anfangs weiße Saft des Grubigen Erdschiebers *(Lactarius scrobiculatus)* binnen weniger Sekunden nach Luftzutritt schwefelgelb verfärbt, während er bei vielen anderen Milchlingen weiß bleibt oder andere Farbwechsel zeigt, können wir nur erahnen. Die chemische Reaktion mag uns erklärbar sein, der biologische Sinn derselben ist es (noch) nicht.

Je weniger der Mensch durch naturwissenschaftliches Wissen »vorbelastet« ist, desto »ursprünglicher« reagiert er auf Naturphänomene: Chronische Gewitterangst, die panische Furcht vor Schlangen oder Spinnen, der Ekel vor schleimigen oder kriechenden Lebewesen sind nach Ansicht von Tiefenpsychologen Restbestände von Urängsten aus grauer Vorzeit, ein Erbe, für das die Molekularbiologie in absehbarer Zeit vermutlich ein verantwortliches Gen finden wird. Therapeuten versuchen, den Betroffenen einen rationalen Zugang zu den Objekten ihrer Angst zu verschaffen: Sie schicken den Schlangen-Phobiker nach entsprechender Vorbereitung in die Schlangenfarm. Manchmal hilft's.

Wenn der Pilzberater einen ebenso hübsch wie harmlos aussehenden, hell ockerbräunlichen Korn-

Der Bunte Klumpfuß *(Cortinarius dibaphus)* aus der Großfamilie der Schleierlinge – spektakulärer Farbtupfer im düsteren Tannenwald.

blumenröhrling *(Gyroporus cyanescens)* oder einen dunkelbraunhütigen Flockenstieligen Hexenpilz *(Boletus erythropus)* zerschneidet und deren helles Fleisch binnen Sekunden tintenblau anläuft, regt sich bisweilen die Urangst im unvorbereiteten Betrachter. »Das ist ja sehr interessant«, sagen die einen höflich, »aber essen kann man den sicher nicht...«. Andere schaudern wie in der Geisterbahn und begreifen den Hinweis auf die Verzehrbarkeit als schlichte Zumutung. Nein, essen würden sie dieses Gewächs nie und nimmer, da mag der kauzige Pilzsachverständige behaupten, was er will.

Schreckfarbe gegen Fressfeinde, denke ich in solchen Momenten bei mir. Es funktioniert noch immer.

Am intensivsten blauen übrigens neben dem Kornblumenröhrling der wenig bekannte, aber gebietsweise nicht seltene Schwarzblauende Röhrling *(Boletus pulverulentus)* sowie die Blaunuss *(Chamonixia caespitosa)*, ein knollenförmiger, nach Trüffelart unterirdisch wachsender Röhrlingsverwandter, der bisher nur wenige Male in Deutschland gefunden wurde. Und im Gegensatz zu den Hexenröhrlingen, die gut gekocht essbar sind, blaut ausgerechnet der giftige, viel zitierte und gefürchtete Satanspilz *(Boletus satanas)* nur verhältnismäßig schwach.

Flockenstielige Hexenröhrlinge *(Boletus erythropus)* im Nadelwald. Das Fleisch des beliebten Speisepilzes läuft im Schnitt dunkelblau an.

Der Lachsreizker *(Lactarius salmonicolor)* ist an die Tanne gebunden. An den verletzten Lamellen tritt orangefarbener Milchsaft aus.

Zeig mir deine Milch ...

Verfärbungen sind gute Bestimmungsmerkmale – zum Beispiel bei den Champignons *(Agaricus)*, die entweder zum Röten oder zum Gilben neigen. Beim Großen und Kleinen Waldchampignon *(Agaricus langei* und *A. silvaticus)* läuft das Fleisch im Schnitt blutrot an. Sie werden daher auch »Blutegerlinge« genannt. Wesentlich länger dauert die Verfärbung beim Mai-Risspilz *(Inocybe erubescens)*, einem Giftpilz des Frühjahrs, dessen Hüte zunächst weißlich oder ockerblass die Erde durchbrechen, ca. 1 Woche später aber dunkelrot werden – ein Prozess, der beschleunigt wird, wenn man den Pilz abpflückt und an einem trockenen Ort lagert. Eine fleischrote Verfärbung trennt den schmackhaften Perlpilz *(Amanita rubescens)* vom giftigen Panther-

Kein Milchling, sondern ein »weinender« Pilz: opaleszierende Tropfen an den dunklen Lamellen des Tränenden Saumpilzes *(Lacrymaria velutina)*.

Der Gelbmilchende Helmling
(Mycena crocata)
im Kalkbuchenwald.

pilz *(A. pantherina)*; safranrot – man beachte die Nuancen! – läuft an Schnitt- und Bruchstellen der Rötende Schirmpilz *(Macrolepiota rachodes)* an. Verbreitet sind Schwärzungen – etwa beim Kegeligen Saftling *(Hygrocybe conica)*, bei verschiedenen Raslingen *(Lyophyllum)* und Täublingen *(Russula)*, wobei der Schwärzung mitunter noch ein Blauen oder Röten vorangeht; exotisch mutet das tiefe Dunkelgrün an, dass die zerbrechlichen Stiele des Braungrünen Rötlings *(Entoloma incanum)* annehmen, wenn man sie eine Weile in den Fingern hält. Und leuchtend zitronengelb verfärben sich nach einigen Stunden Fleisch und Lamellen des Gelbfleckenden Täublings *(Russula luteotacta)*.

Bei den Milchlingen, die zusammen mit den Täublingen die Familie der Sprödblättler bilden, muss man etwas genauer hinsehen, wann und vor allem an welchen Teilen des Pilzes eine mögliche Verfärbung auftritt. Frappierend ist der Farbwechsel bei *Lactarius acris*: Das reine Weiß der Milch schlägt bei Luftkontakt binnen Sekunden in sattes Rosa um – daher der deutsche Name »Rosaanlaufender Milchling«. Kaum weniger spektakulär verläuft der Wandel von Weiß zu Violett beim Violettmilchenden Zottenreizker *(L. repraesentaneus)*, einer Art, der man freilich beim Urlaub in Skandinavien eher begegnen wird als bei uns.

Bei den »Reizkern« im engeren Sinn mit von Anfang an rotem Milchsaft kann die Farbe des verletzten Fleisches nach dem Eintrocknen der Milch von Rotorange ins Korallenrote umschlagen. Geschieht dies innerhalb von ca. einer Viertelstunde, neigen überdies die Hüte zur Grünfärbung und wuchs der Pilz unter Kiefern, so liegt uns der Spangrüne Kiefernreizker *(Lactarius semisanguifluus)* vor. Ist die Milch dagegen von Anfang an weinrot, so haben wir – bei gleichem Baumpartner – den Weinroten Kiefernreizker *(L. sanguifluus)* gefunden. Ein Wechsel von Rotorange zu Weinrot und die Bindung an Tannen verraten den Lachsreizker *(L. salmonicolor)*, während sich beim häufigen Fichtenreizker *(L. deterrimus)* allenfalls eine schwache Verfärbung feststellen lässt.

Die rotmilchenden Reizker sind delikate Bratpilze, und die Farbe ihrer Milch ein gutes Kennzeichen, das unliebsame Überraschungen ausschließt. Bei vielen anderen Milchlingen verbietet der scharfe Geschmack den Genuss, es sei denn, man verfügt über gute Kenntnisse jener Rezepte, nach denen diese Pilze vornehmlich in Osteuropa und Russland seit alters her gewässert, eingelegt und entschärft werden, vor allem der Pfeffermilchling *(L. piperatus*, s. S. 98) und seine Verwandten. Bei einem von ihnen, dem Grünfleckenden Pfeffermilchling *(L. glaucescens)* lassen sich überdies zwei weitere Spielarten der Verfärbung beobachten: Seine Milch trocknet auf den Lamellen graugrün ein – und sie verfärbt sich orange, wenn man sie mit einem Tropfen Kalilauge vermischt. Die »unechten« Verfärbungen durch Applikation verschiedener Reagenzien sind für den Mykologen wichtige Bestimmungshilfen. Beim Zimtbraunen Weichporling *(Hapalopilus rutilans*, s. S. 151) führt bereits die in handelsüblicher Seife enthaltene Lauge zu einer frappierenden Violettreaktion.

Doch nicht alles, was milcht, ist ein Milchling. Einen roten Saft enthalten auch die beiden »blutenden« Helmlinge *Mycena haematopus* und *M. sanguinolenta*, zerbrechliche, dünnstielige Pilze mit glockigen Hütchen, die man an Holzresten und in der Nadelstreu findet, und bei dem in Laubwäldern über Kalk heimischen Gelbmilchenden Helm-

ling *(M. crocata*, s. S. 27) flecken die weißen Lamellen an Druckstellen feuerorange. Ganz andere Dimensionen als die meist nur wenige Zentimeter hohen und breiten Helmlinge erreicht der Leberreischling *(Fistulina hepatica)*, der aus Stammwunden alter Eichen oder Edelkastanien hervorbricht und einige Pfund schwer sein kann. Er sondert einen trübroten Saft ab, was ihm in Verbindung mit der gemaserten Struktur seines Fleisches den Volksnamen »Ochsenzunge« eingetragen hat.

Der Wärme liebende Blaue Rindenpilz *(Terana coerulea)* ist nördlich der Alpen nur im klimatisch begünstigten Rheintal etwas häufiger.

Entdeckung unter dem Mikroskop

Es färbt und verfärbt sich, es quillt und saftet an allen Ecken und Enden im verborgenen Reich der Pilze. Es gibt wenig, das es nicht gibt – und blickt man über den Tellerrand der eigenen geographischen Nasenlänge hinaus, so stehen die Chancen bestens, dass das hier Undenkbare woanders doch existiert. Man muss es nur suchen.

Zum Beispiel in Goonengerry. Goonengerry liegt ungefähr soweit südlich vom Äquator wie Jerusalem nördlich von demselben, genauer gesagt im heißen Norden des australischen Bundesstaates New South Wales, in dessen Hauptstadt mich Jahre zuvor bereits *Amauroderma rude* überraschte.

»Goonengerry, mon amour!« Hier in diesem amorphen Nest im zerklüfteten Bergland 30 Kilometer westlich der Pazifikküste lebt seit vielen Jahren ein befreundetes Ehepaar mit hauseigener Pythonschlange in paradiesischer Naturnähe. Was war das für ein Tag, dieser 10. März des Jahres 1995 – Regengüsse und strahlend blauer Himmel wechseln in rascher Folge. Pilzzeit im dampfenden Eukalyptusbusch. Blätter und Blüten mannigfach, bunt, verwirrend wie die wechselnden Muster in einem Kaleidoskop, über uns kreischen die Kakadus, rotschwarze, blaue und grüne Kleinvögel huschen lautlos durchs Unterholz – und Pilze... Pilze gibt es überall: große, farbenfrohe Röhrlinge, elegante Wulstlinge aus der Knollenblätterpilzverwandtschaft, schlüpfrige rote Helmlinge, zarte Schirmlinge – und Exoten jedweder Art, die freilich nur in meinem europäisch programmierten Bewusstsein Exoten sind. Hier gehören sie zum Inventar – wahrlich ein Garten Eden der Mykologie.

Mittendrin ein schlanker, von Kopf bis Fuß blauer Lamellenpilz, der sich an Druckstellen grasgrün verfärbt. Wieder dieses Himmelblau. Gedanken an einen Rätselpilz aus dem eigenen Garten keimen auf, aber der war ein Becherling, gehörte einer ganz anderen Klasse an (s. S. 116).

Jeden Pilz entdeckt man bekanntlich zweimal – einmal draußen im Gelände und das zweite mal daheim unter dem Mikroskop. Im »Gästezimmer« meiner Freunde, einem alten Campinganhänger am Abhang zum Creek, habe ich das meine aufgebaut.

Mein Erstaunen kann nur nachvollziehen, wer in der Welt der pilzlichen Mikrostrukturen einigermaßen zu Hause ist. Es gibt kugelrunde, dreieckige, vieleckige, wurmförmig-spiralige, mauerförmig unterteilte, herz- oder halbmondförmige, ellipsoide, trapezoide, rautenförmige Sporen mit glatter, rauer, warziger oder stacheliger Oberfläche... Aber die Gebilde, die mir die Linsenkombination aus Okular und Objektiv tausendfach vergrößert ins Gehirn spiegelt, sind ordentliche kleine Würfel – rechtwinklig mit leicht abgerundeten Ecken. Damit ist der Fall klar: Goonengerry hat mir den Würfelsporigen Rötling *(Entoloma virescens)* geschenkt! Nur er ist so blau und grünt dazu, nur er hat solche Sporen. Seine Lebenswelt sind die Tropen und Subtropen der Südhalbkugel von Afrika über Südasien bis hinüber in die pazifische Inselwelt.

Der Stahlblaue Rötling *(Entoloma nitidum)* im feuchten Moorwald. Das Bild zeigt die Pilze in dreifacher Lebensgröße.

Röhren, Stacheln, Blätter, Kugeln – das Pilz-Design der Evolution

Foto S. 32/33:
Milde Zwergknäuelinge *(Panellus mitis)* – ein kleiner, muschelförmiger Nadelholzbewohner der kühlen Jahreszeit.

Röhrlinge – die Allbekannten

Nenne mir eine Form, und ich nenne dir einen Pilz! Reich wie die Farbenpalette der Pilze und verwirrend wie die Vielfalt der Gerüche und Geschmacksnuancen erscheint uns die schier unerschöpfliche Phantasie, die der Natur bei der Gestaltung der Pilze die Hand geführt hat. Es geht freilich nicht um den ganzen Pilz, nicht um das weit verzweigte Geflecht im Boden, dessen dünne Stränge wir mit jeder Handvoll Waldboden aus der Erde ziehen, sondern nur um seine – meist – überirdische »Frucht«. Der stattliche Steinpilz *(Boletus edulis)* im Fichtendickicht ist ein solcher »Fruchtkörper«, wie die Mykologen sagen, das klassische Modell gewissermaßen: Der weiße bis blassbraune Stiel ist mal schlank und rank, mal birnenförmig, an abschüssigen Standorten auch gebogen. Obenauf sitzt ihm der polsterförmige Hut, der im Alter verflacht. Das schwammige, erst weiße und später mattgrüne »Futter« auf seiner Unterseite setzt sich bei näherer Betrachtung aus einer Unzahl dicht an dicht stehender senkrechter Röhrchen zusammen, die nach unten hin geöffnet sind. Sie sind in ihrem Innern und an ihren Rändern überzogen mit der so genannten »Fruchtschicht«, jenem Gewebe also, das die mikroskopisch kleinen »Ständer« (Basidien) hervorbringt, an denen die Sporen gebildet werden.

Der delikate Sommersteinpilz *(Boletus aestivalis)* wächst oft schon im Juni in Laubwäldern.

Da liegt er also vor uns, der Fund des Tages, ein Prachtexemplar, die Huthaut matt glänzend im satten Braun eines frischgebackenen Brots. Halten wir kurz inne, bevor wir ihn säubern und dem Kochtopf überantworten, und se-

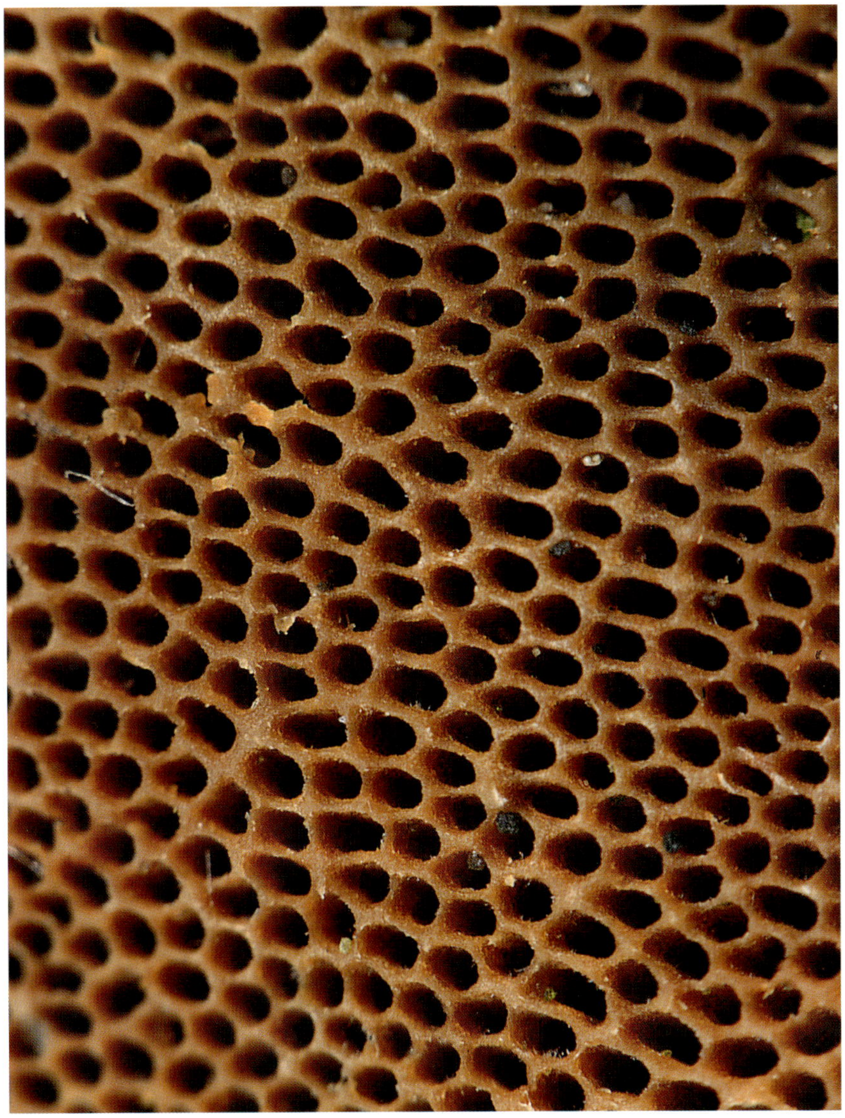

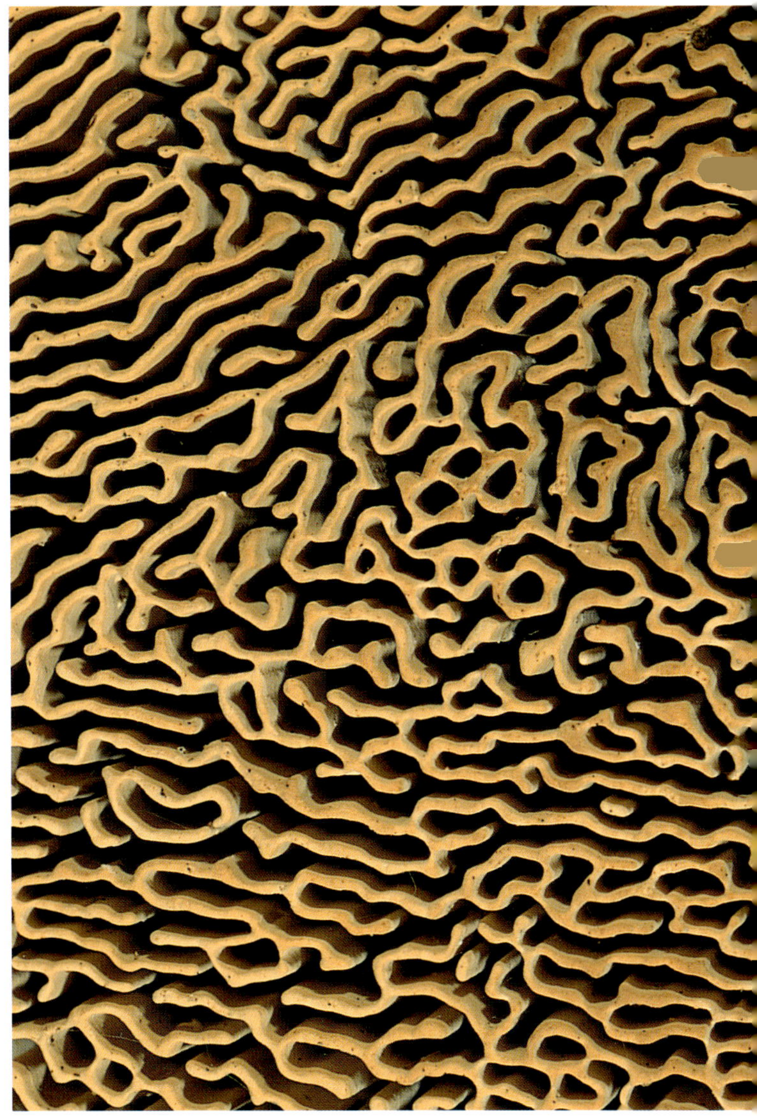

hen ihn uns etwas näher an! Die Röhrenschicht lässt sich leicht ablösen. Unter der Lupe erkennen wir, dass der Durchmesser jeder Röhre nicht einmal einen Millimeter beträgt. Aber wenn wir uns nun vorstellen, jede einzelne dieser Röhren würde aufgeklappt, entrollt und zu einem Fleckenteppich zusammengefügt, dann ahnen wir, dass die entstehende Fläche ein Vielfaches des Hutumfangs bedecken würde. Und beidseitig wäre diese Fläche bedeckt mit Sporenständern mit jeweils 2–4 Sporen an der Spitze. Wie viele es sind? Da die Basidien nur 10–20 Tausendstel von einem Millimeter breit sind, helfen allenfalls noch Hochrechnungen mit Annäherungswerten, wobei noch hinzukommt, dass bei vielen Röhr-

Die allbekannten Röhren der Hutunterseite (links) dienen der Oberflächenvergrößerung für die Sporenproduktion.
Auf der Unterseite des Eichenwirrlings *(Daedalea quercina,* rechts) finden wir eine Mischform aus Röhren und Lamellen. Die korkartigen Wände bilden eine labyrinthische Struktur, die den Erstbeschreiber Christiaan Hendrik Persoon (1761–1836) dazu anregte, die Gattung nach Daedalos, dem mythischen Erbauer des minoischen Labyrinths, zu benennen.

lingen sogar die Stieloberfläche mit Sporenständern besetzt ist. Die Gesamtzahl der Sporen eines durchschnittlichen Steinpilzes geht in die Millionen.
Streng genommen reduziert sich alle Form und alle gestalterische Phantasie auf einen einzigen entscheidenden Seinszweck: Der Pilzfruchtkörper muss eine möglichst große Fruchtschicht zu Verfügung stellen, auf der eine größtmögliche Anzahl von Sporen produziert werden kann, und er muss diese Fruchtschicht so positionieren, dass die reifen Sporen sie problemlos verlassen können. Alles ist diesem Zweck untergeordnet. Und da Sporenständer nicht geschichtet wachsen, brauchen sie viel Oberfläche. Das Zauberwort für die üppige Fruchtbarkeit der Pilze heißt also »Oberflächenvergrößerung« – und da sind alle Methoden erlaubt.

Der Trick mit den Röhren ist nur einer von vielen – die Röhrlinge verdanken ihm ihren Namen

Die gestreckten, eckigen Poren kennzeichnen den Wabenporling *(Polyporus mori)*. Er kommt vom Frühjahr an in Auwäldern vor, besonders an abgefallenen Eschenästen.

ebenso wie die ähnlich gestalteten Porlinge, deren Bezeichnungen von den Röhrenöffnungen (Poren) herrührt. Eine Sonderstellung nimmt der seltsame Leberreischling *(Fistulina hepatica)* ein, dessen pfundschwere blutrote Fruchtkörper aus Stammwunden alter Eichen und Edelkastanien hervorbrechen. Hier gibt es die These, dass es sich um einen »Sammelfruchtkörper« handelt, dass also im Grunde jede einzelne der miteinander nicht verwachsenen Röhren ursprünglich ein eigenständiges Gewächs war.

Röhren und Poren sind Bestimmungsmerkmale: Sie können klein und rund sein wie beim Steinpilz, aber auch eckig und, jede für sich, noch durch niedrigere Querwände unterteilt sein, z. B. beim Kuhröhrling *(Suillus bovinus)*. Manche laufen auf Druck blau an, andere bleiben unverfärbt. Beim Porphyrbraunen Röhrling *(Porphyrellus porphyrosporus)* und beim Strubbelkopf *(Strobilomyces floccopus)* sind sie von Anfang an dunkelbraun bis fast schwarz, bei den Hexenröhrlingen *(Boletus luridus* und verwandte Arten, s. S. 23 und 127) dagegen rot bis orange. Und wer einen »Steinpilz« mit rosa Röhren gefunden hat, werfe ihn lieber wieder fort – es ist nämlich keiner, sondern der ähnliche Gallenröhrling *(Tylopilus felleus)*, der schon manche Pilzsuppe mit seinem bitteren Geschmack gründlich verdorben hat.

Der düstere Strubbelkopfröhrling *(Strobilomyces floccopus)* nimmt eine Sonderstellung in der europäischen Pilzflora ein: Alle näheren Verwandten wachsen in den Tropen.

Erfolgsprinzip Lamelle

Erfolgreicher noch als die Röhren hat sich das Lamellenprinzip dem Selektionsdruck der Evolution widersetzt. Vom hauchzarten, kaum millimeterbreiten Scheinhelmling *(Hemimycena)* bis zum eleganten Riesenschirmpilz *(Macrolepiota procera)*, dessen Hüte im Extremfall einen halben Meter Durchmesser erreichen können, gilt, dass die meist radial zur Hutmitte angeordneten, dicht oder entfernt stehenden »Blätter« der Fruchtschicht eine weite Oberfläche überlassen. Lamellen sind schmal oder bauchig, geformt wie Messerklingen oder Sicheln; manchmal laufen sie bogig am Stiel herab, manchmal sind sie mit ihm durch einen schmalen, ausgebuchteten Steg verbunden, und manchmal berühren sie ihn gar nicht – man spricht dann von »freien« Lamellen.

Lamellen eines Milchlings in der Nahaufnahme. Die Lamellenflächen sind mit der Fruchtschicht überzogen, in der die Sporen produziert werden.

Oft wechseln Lamellen im Laufe der Zeit ihre Farbe. Anfangs weiße nehmen gern die Farbe des reifen Sporenpulvers an – rosa bis rosabräunlich bei Rötlingen *(Entoloma)*, Dachpilzen *(Pluteus)* und Scheidlingen *(Volvariella)*, blassocker bis sattgelb bei vielen Täublingen *(Russula)*, mittelbraun bei einer Heerschar von Schleierlingen *(Cortinarius)*, Schüpplingen *(Pholiota)* und Schnitzlingen *(Naucoria)*, um nur einige Gattungen zu nennen. Die »Lamellenschneiden«, also der freie untere Rand, sind bei den Sägeblättlingen *(Lentinus)* – der Name verrät es schon – zackig-schartig wie ein Sägeblatt, bei vielen Risspilzen von blasigen Randzellen *(Cystiden)* feinstflockig »bewimpert« und bei manchen Arten anders gefärbt als die Lamellenflächen. Der Morsetäubling *(Russula illota)* heißt so, weil die Fleckung der Lamellenschneiden der Punkt-Strich-Folge des Morsealphabets ähnelt. Auf toten Farnstängeln wächst ein kleiner schmutzig weißlich bis blassrosa gefärbter Helmling *(Mycena pterigena)* mit bonbonrosa gefärbten Lamellenschneiden. Das Pilzchen ist recht selten, doch

Der Perlpilz *(Amanita rubescens)* gehört zu den beliebtesten Lamellenpilzen, weil er hervorragend schmeckt. Sein an Fraßstellen rötendes Fleisch und der längsgestreifte Ring am Stiel beugen Verwechslungen mit dem giftigen Pantherpilz *(A. pantherina)* vor.

Baumstümpfe und abgefallene Äste sind ein Eldorado für viele kleine büschelig wachsende Lamellenpilze. Der hübsche Gelbstielige Helmling *(Mycena renati)* ist einer von ihnen.

wer das Glück hat, es zu finden, weiß nach dem ersten (Lupen-) Blick, woran er ist, weil die Farbkombination in Verbindung mit dem speziellen Standort keinerlei Verwechslung zulässt.

Der beliebte Pfifferling *(Cantharellus cibarius)* ist kein Lamellenpilz im engeren Sinn, obwohl die weit am Stiel herablaufenden, stumpfrandigen »Leisten« durchaus an Lamellen erinnern. Doch schon in seiner nächsten Verwandtschaft, bei der Totentrompete *(Craterellus cornucopioides)*, flachen die Leisten ab, sind nur noch mehr oder weniger stark ausgeprägte Runzlungen der Fruchtschicht. Die Natur lässt sich von keinem noch so klugen Systematiker in glasklar voneinander abgegrenzte Kategorien aufteilen: Alles fließt, alles ist in ständigem Werden und Wandel begriffen, Arten entstehen und vergehen, es gibt Übergänge, Ausnahmen und sprunghafte Veränderungen.

Viele Leistlinge, darunter der bekannte Pfifferling (s. S. 66), sind begehrte Speisepilze. Das Bild zeigt die verwandte Totentrompete *(Craterellus cornucopioides)*, die im Herbst und Spätherbst in Buchenwäldern zu finden ist.

Von Stacheln und Stoppeln

Der Mensch hat die Zeitmessung erfunden und unterwirft ihr sein Leben – bis er auf den Plan trat, kam die Evolution ohne sie aus, denn sie hatte das, was später Zeit genannt wurde, im Übermaß. Es entstanden seltsame Gebilde, abseitige Pfade der Entwicklung, vielleicht Sackgassen, aber doch auch Nischen, die einigen wenigen Arten das Überleben ermöglichten. Die Stachelpilze sind eine solche Gruppe, weit geringer an der Zahl als die Lamellen- oder Röhrenpilze, aber doch weltweit verbreitet. Schon der Anfänger kennt den gelben Semmelstoppelpilz *(Hydnum repandum)* und seinen rotgelben Bruder *(H. rufescens)*, die von oben selbst erfahrenen Pilzsammlern manchmal einen Pfifferling vorgaukeln; und wer einmal den Habichtspilz *(Sarcodon imbricatus)* mit seinem bizarren braunen Schuppenhut gesehen hat, wird auch diesen stets wiedererkennen. Die Aufgabe der Lamellen übernehmen bei diesen Pilzen unzählige kleine Stacheln oder Stoppeln auf der Hutunterseite.

Neben den fleischigen Stoppelpilzen gibt es eine etwas größere Gruppe korkig-zäher Stachelinge, die nach neueren Erkenntnissen eine Art Gradmesser für die fortschreitende Versauerung und Überdüngung unserer Waldböden sind. Nie und nimmer wird man nämlich den drastischen Rückgang an Korkstachelingen *(Hydnellum)* auf übermäßige menschliche Sammeltätigkeit zurückführen können. Speisepilzfreunde nehmen von den gedrungenen, im Alter oft düster braun gefärbten und meist in Ringen und Reihen auf der Nadelstreu wachsenden Pilzen kaum Notiz – und dennoch gibt es wenige Pilzgruppen, bei denen Mykologen in den vergangenen 30 Jahren einen so dramatischen Rückgang beobachtet haben. Der Grund dafür liegt darin, dass die in ihrer Mehrzahl nährstoffarme, magere Böden vorziehenden Korkstachelinge sehr empfindlich auf eine weitere Versauerung oder unnatürliche Nährstoffanreicherung reagieren.

Beim Semmelstoppelpilz *(Hydnum repandum)* werden die Sporen auf der Oberfläche der zahllosen kleinen Stacheln auf der Hutunterseite gebildet. Auch diesen Speisepilz findet man vorrangig in Buchenwäldern.

Wenn sich die Korkstachelinge aus unserer heimischen Flora verabschieden, gehen bei uns keine Lichter aus, und es wird uns deshalb auch keine Hungersnot heimsuchen. Warnende Unkenrufe der Mykologen wird man überhören oder sich über sie lustig machen. Aber mit der Verarmung unserer Flora, Fauna und »Funga« (Pilzflora) ist es wie mit der berühmten Sandburg am Strand: Wenn die Flut kommt, schwemmt das Wasser zunächst nur ein paar Sandkörner fort. Doch mit jeder Welle werden es mehr, und am Ende sackt die ganze Herrlichkeit in sich zusammen, bis hin zum Fähnchen auf dem höchsten Söller. Der Artentod nimmt einen ähnlichen Verlauf. Das eine Wesen auf dieser Erde, das sich selbst als »die Krone der Schöpfung« bezeichnet, sollte in Augenblicken der Besinnung daran denken, dass es schon einmal einer Arche Noah bedurfte, damit wenigstens ein paar Exemplare die selbstverschuldete Katastrophe überleben konnten...

Von den faszinierenden Stachelbärten *(Hericium)* wird noch im Kapitel über die Tannenpilze die Rede sein (s. S. 106f.). An dieser Stelle möchte ich drei andere Stachelpilze erwähnen, die alle über einzigartige, ausgefallene Merkmale verfügen. Der eine ist der Scharfe Korkstacheling *(Hydnellum peckii)*, den man in Bergnadelwäldern hie und da noch findet. Die frischen Pilze schwitzen einen rubinroten Saft aus, der in kleinen Tropfen die weißlich berandete Oberfläche sprenkelt – einer hübschen Farbminiatur, der man noch seltener begegnet als dem Pilz, denn der erste Regenguss spült sie hinweg. Doch selbst dann ist der Pilz noch an seinem brennend scharfen Geschmack erkennbar, wie wir ihn von manchen Täublingen kennen. Man hat ihn daher auch schon *H. diaboli* genannt – den »teuflischen«. Ihm nahe verwandt ist der Gelbe Korkstacheling *(H. geogenium)*; sein Kennzeichen ist die in dieser Gruppe einzigartige schwefelgelbe Farbe, die sogar die unterirdischen Myzelstränge einbezieht.

Der Ohrlöffelstacheling *(Auriscalpium vulgare)* ist der dritte Stacheling mit einer, zumindest in unseren Breiten, einmaligen Merkmalskombination. Man findet ihn ausschließlich auf am Boden liegenden oder unter der Nadelstreu verrottenden Kiefernzapfen. Ob der Zapfen irgendwo in einem jener endlosen Kiefernwälder der Mark Brandenburg liegt, in einem niedersächsischen Moorwald oder unter einer Einzelkiefer auf einem Kölner Friedhof, ist dem Pilz dabei ziemlich gleichgültig: Hauptsache, er hat seinen Zapfen.

Die Stiellänge des Ohrlöffelstachelings richtet sich danach, wie tief der Wirtszapfen im Erdboden liegt. Logisch: Die ausfallenden, reifen Sporen müssen dem Wind anvertraut werden und daher frei in die Luft entweichen können. Eine Gesamtlänge von 10 cm, davon mehr als die Hälfte unterirdisch, ist keine Seltenheit. Was freilich das unscheinbar braune, pfenniggroße, unterseits bestachelte Hütchen des Pilzes dazu bewogen hat, statt zentral in der Stielmitte seitlich am Stiel anzuwachsen und mit diesem einen rechten Winkel zu bilden, gehört zu jenen Geheimnissen der Evolution, die die Wissenschaft bisher nicht lösen konnte und bei denen ratlosen Kommentatoren meist nur der Verweis auf eine »Laune der Natur« einfällt.

Den Ohrlöffelstacheling, in dessen deutschem – und lateinischem – Namen die Bezeichnung eines alten Geräts zur Entfernung von Ohrenschmalz aus verstopften Gehörgängen erhalten geblieben ist, kann man das ganze Jahr über finden, da während der Herbstsaison gewachsene Exemplare den Winter ohne nennenswerte Veränderungen überstehen.

Der Dornige Stachelbart *(Creolophus cirratus)* ist ein sehr seltener Bewohner von totem Buchenholz und heutzutage fast nur noch in Naturschutzgebieten zu beobachten. Manchmal wächst er auch in Stammwunden noch lebender Bäume.

Korallen- und Keulenpilze

Ein Kapitel über die Formenvielfalt der Pilze wäre unvollständig, würde man nicht auch die Korallen- und Keulenpilze gebührend würdigen, denn sie begegnen uns während der Pilzsaison auf Schritt und Tritt, vor allem in den ausgedehnten Waldungen unserer Mittel- und Hochgebirge. Ähnliche oder nahe verwandte Arten kommen weltweit vor; ich sah sie unter anderem in Nordamerika und in australischen Eukalyptuswäldern. Die größten werden bis zu 1 kg schwer; die kleinsten wiegt man am besten auf einer Briefwaage. Besonders für die vielästigen Korallenpilze *(Ramaria* und Verwandte) hat sich der Volksmund phantasievolle Namen ausgedacht, was indes nicht ganz unproblematisch ist. Denn wenn ein passionierter Speisepilzsammler aus der Schweiz, ein zweiter aus dem Pfälzer Wald und ein dritter aus Sachsen von »Bärentatzen«, »Hahnenkämmen«, »Ziegenbärten« oder »Goldkorallen« sprechen, so ist damit keineswegs gesagt, dass die Drei auch das Gleiche meinen! Im 31. Band des berühmten, von Jacob und Wilhelm Grimm begründeten deutschen Wörterbuchs finden wir unter dem Stichwort »Ziegenbart« sechs lateinische Pilznamen, die zu vier verschiedenen Arten gehören, darunter sogar einem Porling! Die volkstümlichen Bezeichnungen sind nicht »falsch«; sie haben in der jeweiligen Region durchaus ihre Berechtigung und werden dort wohl auch im-

Gelbe Korallen *(Ramaria* spec.) sind nur mithilfe des Mikroskops einwandfrei bestimmbar. Da viele Arten selten und noch wenig erforscht sind, sollten diese Pilze generell geschont werden, obwohl sich unter ihnen auch einige essbare Arten befinden.

mer im gleichen Sinn verstanden – nur sollte man sich eben davor hüten, ein regional geprägtes Pilznamenverständnis zum Dogma zu erheben. Zu leicht kann es passieren, dass wir und unsere Gesprächspartner aus anderen Teilen des deutschen Sprachraums einfach aneinander vorbei reden.

Ein gemeinsames Kennzeichen der Korallenpilze ist ihre »Vielästigkeit«. Aus einem mal dicken, mal dünnen Strunk streben Dutzende, bei großen Exemplaren Hunderte von Einzelästen himmelwärts. Wem das dient? Natürlich der Oberflächenverbreiterung! Die Sporen erzeugende Fruchtschicht bekleidet die dicht an dicht stehenden Äste; auch hier steht also auf kleinstmöglichem Raum eine größtmögliche Fläche zur Verfügung.

Wie viele Korallenpilze es in unseren heimischen Gefilden gibt, ist übrigens noch lange nicht geklärt. Gerade die großen, meist irgendwie gelb bis orange gefärbten Arten, die in volkstümlichen Pilzbüchern als Speisepilze empfohlen werden, sind einander oft sehr ähnlich und können meist nur mikroskopisch unterschieden werden. Leider wandert deshalb immer wieder so manch eine große Rarität, die eigentlich Naturschutzrang verdienen würde, in den Kochtopf. Ich rate daher beim Verzehr von Korallenpilzen zu sensibler Zurückhaltung und erinnere auch stets daran, dass mit der Blassen Koralle *(Ramaria pallida)* und der Dreifarbigen oder Schönen Koralle *(R. formosa)* zumindest zwei Arten bekannt sind, die erhebliches Magengrimmen verursachen können. Der Volksname »Bauchwehkoralle« für die erstgenannte der beiden ist Warnung genug.

Unter den kleineren Korallen, die gerne wie die Saftlinge (s. S. 16) in ungedüngten Magerrasen wachsen, gibt es wahre Kleinodien. Weiß, grün, braun, rot oder violett können sie sein, zart und fragil oder derb und zäh. Insgesamt gesehen ist die Familie bis heute noch überraschend wenig erforscht, und ohne das wissenschaftliche Engagement zweier »Amateure«, also Mykologen,

Kein Korallen- sondern ein Gallertpilz: Der häufige Klebrige Hörnling *(Calocera viscosa)* wächst auf Nadelholzstümpfen. Seine Äste sind im Gegensatz zu jenen der echten Korallen gummiartig-zäh. Als Speisepilz kommt ihm keine Bedeutung zu.

die ihr Fach an keiner Hochschule gelernt, sondern sich ihre phänomenalen Kenntnisse im Selbststudium beigebracht haben, wäre unser Wissen noch viel geringer. Edwin Schild, Musiker aus dem Tessin, beschäftigt sich schon seit Jahrzehnten mit der Gruppe und hat die Farben- und Formenvielfalt der Korallen auf vielen künstlerisch bestechenden und wissenschaftlich präzisen Gemälden dokumentiert. Josef Christan aus Erding bei München schreibt gegenwärtig das erste (!) deutschsprachige Buch über sie. Im Hauptberuf Fotograf, hat Christan fast alle in Mitteleuropa festgestellten Arten in prächtigen Farbbildern festgehalten und auch in der Mikrofotografie neue Maßstäbe gesetzt.

Die beiden Hobbywissenschaftler, deren Arbeit auch in Universitätskreisen und weit über die Grenzen ihrer Heimatländer hinaus hohe Anerkennung genießt, seien hier stellvertretend genannt für viele andere Pilzfreunde, die sich die Erforschung ihrer heimischen »Funga« zur Freizeitbeschäftigung gewählt und im Laufe der Jahre eine Fülle von Daten zusammengetragen haben, die u. a. in den dreibändigen »Verbreitungsatlas der Großpilze Deutschlands (West)« und spätere Kartierungsprojekte Eingang fanden. Viele von ihnen sind geprüfte Pilzsachverständige oder Pilzberater und haben sich in lokalen Pilz- und Naturschutzvereinen oder in Arbeitsgemeinschaften der »Deutschen Gesellschaft für Mykologie« organisiert. Sie halten Vorträge, leiten Pilzwanderungen, kontrollieren Marktpilze, schreiben Berichte in der Regionalpresse und unterstützen mit ihrem Fachwissen Ärzte bei der Identifizierung von Giftpilzen. Ohne diese überwiegend ehrenamtlich tätigen, idealistisch motivierten Helfer bräche das bestehende System einer – halbwegs – flächendeckenden »Pilzaufklärung« wie ein Kartenhaus in sich zusammen.

Bei einer Pilzwanderung für Kinder, die mit großem Eifer bei der

Sache waren und dank ihrer »Bodennähe« einige Arten entdeckten, welche dem erwachsenen Begleitpersonal nie aufgefallen wären, brachte mir ein sommersprossiger, leicht übergewichtiger Knabe von vielleicht neun oder zehn Jahren eine etwa 15 cm hohe Herkuleskeule *(Clavariadelphus pistillaris)*. Da dieser Pilz in unseren Buchenwäldern gar nicht mehr so häufig ist, lobte ich den Jungen über den grünen Klee und erzählte ihm von dem Helden aus dem klassischen Altertum, der sich mit einer ähnlich geformten Schlagwaffe bei diversen mythischen Unholden Respekt verschafft hatte. Der Junge hörte mit Interesse zu. Später bekam ich zufällig mit, wie er einem Kameraden stolz von seinem Fund berichtete: »Also, mit dem Mordstrumm von Keule hat der griechische....« Der Name des Helden war ihm entfallen. Ich merkte, wie er kurz zögerte und nachdachte. Dann fuhr er im Brustton der Überzeugung fort: »... der ... der griechische Obelix das Monster totgeschlagen... echt klassisch!« Ich habe den Jungen nicht verbessert. Man sollte jeder Generation das Recht auf eigene Assoziationen und Vergleiche lassen. Und außerdem: So weit hergeholt ist der Vergleich mit den Hinkelsteinen des gallischen Comic-Helden ja gar nicht!

Das schlanke Pendant zur Herkuleskeule ist die Röhrige Keule *(Macrotyphula fistulosa)*. Bis über 20 cm kann sie hoch werden und ist dabei kaum mehr als 3–4 mm breit. Wer gute Augen hat, findet sie im Herbst und Spätherbst in Laubwäldern zwischen frisch gefallenen Blättern. In einem meiner Sammelgebiete wächst sie immer im schmalen, mit Erlen und Eschen gesäumten und nur zeitweise Wasser führenden Graben am Rande einer Forststraße.

Herkuleskeulen *(Clavariadelphus pistillaris)* im herbstlichen Buchenwald. Im Hintergrund sind zwei Milchlinge *(Lactarius* spec.) zu erkennen.

Meist sitzt sie dort kleinen Zweigen auf – und wird, trüb ockerbraun wie sie ist, auf den ersten Blick oft sogar für einen solchen gehalten! Beim geringsten Windhauch zittert und schwankt sie wie ein Grashalm.

Ein keulen- oder korallenförmiger Pilz muss wohlgemerkt nicht zwangsläufig ein Keulen- oder Korallenpilz sein. Eine der häufigsten Verwechslungen des Anfängers besteht darin, dass er den goldgelben, geweihförmig verzweigten Klebrigen Hörnling *(Calocera viscosa,* s. S. 45), einen Gallertpilz, für eine Koralle hält. Der häufige Nadelholzbewohner unterscheidet sich nicht so sehr optisch als haptisch: Seine Äste sind gummiartig-zäh und biegsam, die der echten Korallen dagegen zerbrechlich bis wachsartig. Auch unter den Schlauchpilzen gibt es ähnlich gestaltete Arten wie die Erdzungen *(Geoglossum,* s. S. 18) und die düsteren Holzkeulen *(Xylaria).*

Reife Birnenstäublinge *(Lycoperdon pyriforme)*. Auf Druck entweichen die Sporen in einer hellbraunen »Wolke« durch die scheitelständige Öffnung und werden vom Wind verbreitet.

Das Kugelprinzip

Ein beliebter Trick zur Anregung nicht nur der kindlichen Phantasie ist die Aufforderung: Verkleinere dich! Denk dich klein, während alles andere um dich herum so bleibt, wie es ist! Bist du erst einmal auf einen halben Zentimeter Schulterhöhe geschrumpft, werden Schmetterlingsflügel zu hohen, bunten Zeltbahnen und Ameisen zu dickbeinigen Kolossen; die Wiese vor dem Haus verwandelt sich in einen unendlichen Dschungel und der kleine Bach am Waldrand strömt dahin wie ein reißender, ungezügelter Strom, dessen jenseitiges Ufer du kaum noch erkennst.

In der Welt der Moose, Flechten und Pilze ist das Verkleinerungsspiel besonders reizvoll. Unter den Sporenträgern des Brunnenlebermooses muss es sich wandeln lassen wie unter Palmen, denn sehen sie nicht genau so aus? Aus den Kelchen der Becherflechten werden breite Brunnenbecken, und der eine Tautropfen, der in ihnen Platz hat, genügt, um deinen Durst zu stillen. Die Röhrige Keule, von der gerade die Rede war, kommt dir jetzt vor wie ein hoher Maibaum, ein Täublingshut spendet Schatten und in den gegabelten Ästen einer Koralle kannst du klettern wir auf einem Baum.

Mich faszinieren derartige Visionen noch heute. Vor allem stelle ich mir immer wieder vor, wie es wäre, wenn meine Miniaturausgabe an einem Büschel alter Birnenstäublinge *(Lycoperdon pyriforme)* vorbeikäme, auf die soeben vom nahen Baum zwei Eicheln geplumpst sind. Wie einen Bombenfall würde ich die Erschütterung spüren – und dann fegte ein Staubsturm über mich hinweg.

Die Stäublinge und Boviste, im Volksmund manchmal »Teufels Schnupftabak« genannt, umfassen eine andere artenreiche Formengruppe der Pilze. Ihr gestalterisches Grundprinzip ist die Kugel. »Bauchpilze« (Gasteromycetes) heißen sie allerdings nicht, weil Bäuche oft kugelrund sind, sondern weil diese Pilze als so genannte »Innenfrüchtler« ihre Sporen im Innern der Fruchtkörper erzeugen, also gewissermaßen im Magen. Anfangs oft rein weiß – und in diesem Zustand auch verzehrbar – verwandelt sich das Innere der Stäublinge im Laufe der Zeit in eine olivgrüne bis dunkelbraune Masse, die am Ende zu Sporenpulver zerfällt. Ein flockig-wattiges Stützgerüst für die Sporenständer, das so genannte Capillitium, sorgt noch für eine gewisse Stabilität.

Bei reifen Bauchpilzen öffnet sich das Gewebe, welches die Kugel nach außen abschließt, und gibt die Sporen frei. Ein Regentropfen, eine kräftiger Luftzug, der mechanische Druck einer vorbeihuschenden Maus oder der Huftritt eines Rehs genügen, um Tausende von ihnen aufzuwirbeln und in alle Winde zu zerstreuen. Kinder, die während des Sonntagsspaziergangs auf einer Kolonie vorjähriger Flaschenstäublinge herumhüpfen, weil sie sich über die aufsteigenden Sporenwolken freuen, verhalten sich also durchaus »naturgemäß« und tragen auf ihre Weise zur Verbreitung der Art bei!

Die Kugel kann sich unter mehreren Schichten verstecken oder nur in bestimmten Entwicklungsphasen des Pilzes vorhanden sein. Bei den eigentümlichen Ruten- und Blumenpilzen, die uns noch in einem anderen Zusammenhang beschäftigen werden (s. S. 70f.), finden wir sie nur im Jugendstadium; es ist bei der bekannten Stinkmorchel *(Phallus impudicus)* als »Hexenei« bekannt. Bei den hübschen Erdsternen *(Geastrum)* reißt eine äußere Hülle sternförmig auf und hebt die frei werdende, einem Bovist täuschend ähnliche Innenkugel

Flaschenstäubling *(Lycoperdon perlatum)*, von oben gesehen. Die Bräunung in der Mitte des Fruchtkörpers deutet an, dass der Pilz bald reif sein und aufplatzen wird.

wie auf Stelzen in die Höhe. In unseren Breiten findet man vor allem den Gewimperten Erdstern *(G. fimbriatum)*. Sein Name ist auf den fransig »bewimperten« Rand jener Öffnung am Scheitel der Kugel zurückzuführen, durch die beim reifen Pilz die Sporen entweichen. Bei anderen Arten ist diese Mündung differenzierter ausgebildet – wie eine kleine gestreifte Pyramide zum Beispiel oder wie ein Vulkankegel mit glatten Flanken. Die Oberfläche der Innenkugel kann sich glatt, rau wie Sandpapier oder pergamentartig anfühlen, und die »Stelzen« können noch auf dem Rand einer nestartigen Schale stehen. Bei geduldiger Beobachtung der verschiedenen Merkmale können auch weniger häufige Erdsterne schon ohne die Hilfe des Mikroskops bestimmt werden.

Alte Kamm-Erdsterne *(Geastrum pectinatum)* im Bergnadelwald. Bei jungen Fruchtkörpern sind die sternförmig ausgezackten Lappen um die Sporenkugel geschlossen.

Wie viele seltenere Erdsterne wachsen auch die verwandten Stielboviste *(Tulostoma)* gerne in trockenen Gebieten wie Steppen, Savannen und Halbwüsten, in Dünen und Trockenrasen, auf überwachsenen Halden und Dämmen, in ehemaligen Steinbrüchen und aufgelassenen Weinbergen. Und obwohl manche dieser Mykotope erst durch Menschenhand geschaffen wurden, gibt es ihrer in unserer Landschaft nicht mehr allzu viele, weshalb es kaum überraschen kann, dass zahlreiche Bauchpilze auf den Roten Listen der gefährdeten Pilzarten stehen.

Auch der Zitzen-Stielbovist *(T. brumale)* gehört in diese Gruppe, ein 4–10 cm hoher Pilz, bei dem die bauchpilztypische »Kugel« einem holzig-harten Stiel aufsitzt. Doch während die meisten anderen als »gefährdet« eingestuften Arten mit der Zerstörung ihrer Lebensräume in Bedrängnis geraten sind, hat dieses Pilzchen eine ungewöhnliche Nische gefunden, die ihm – zumindest in jenen Teilen Süddeutschlands, aus denen meine Beobachtungen stammen – langfristiges Überleben garantiert. Obwohl man es als Naturwissenschaftler tunlichst vermeiden sollte, seinen tierischen oder pflanzlichen Studienobjekten menschliche Verhaltensweisen zu unterstellen, möchte ich in diesem Fall eine Ausnahme machen: Der Zitzen-Stielbovist hat Chuzpe! Anstatt sich kampflos mit seinem Schicksal abzufinden und melancholisch dem Dinosaurierschicksal entgegenzudämmern, ist er zum Gegenangriff übergegangen und hat einen Lebensraum erobert, der Natur- und Artenschützern als Inbegriff menschlichen Raubbaus und Flächenfraßes erscheint: Er mag Straßen und – wie Mykologen im Norden Münchens festgestellt haben – sogar Autobahnen! Allerdings nicht jede. Er ist wählerisch. Wollte er seinen Wohnraum per Annonce suchen, so würde der Text ungefähr so lauten: »Südgeneigte, gebüsch- und schattenfreie Böschung an Schnellstraße im Ost-West-Verkehr gesucht. Leitplanken willkommen, Scherben und anderer Unrat kein Hindernis.«

Fünf Zentimeter neben dem krümeligen Rand der Straßendecke, einen Meter entfernt vom brems-

Der Zitzen-Stielbovist *(Tulostoma brumale)* scheut den Verkehrslärm nicht: Auf südgeneigten Straßenböschungen hat der »gefährdete« Pilz eine ungewöhnliche ökologische Nische gefunden.

spurgestreiften Asphalt, dort, wo abgefahrene Reifendecken, Ex-und-Hopp-Flaschen, plattgefahrene Getränkedosen und anderer Verkehrsteilnehmermüll herumliegen, kann man an den geeigneten Stellen bereits Fruchtkörper finden. Die reichsten Vorkommen beobachte ich zwei, drei Schritte weiter an den aufgeschütteten, im Sommer sonnenlichtdurchglühten, ausgehagerten Böschungen, wo sonst nur Pioniermoose und -flechten, ein paar Gräser und abgasresistente Blütenpflanzen gedeihen. Aussichtslos ist die Suche dagegen an Standorten, wo unmittelbar neben der Teerdecke gedüngte landwirtschaftliche Nutzflächen oder bodensaure Feuchtgebiete anschließen. Ein gewisser Kalkgehalt im Boden, wie er sich oft schon durch den Straßenschotter ergibt, scheint Bedingung zu sein. Stimmen die Voraussetzungen, so kann der Pilz an neuen Trassen schon wenige Jahre nach Abschluss der Bauarbeiten erscheinen.

Ein Hasenstäubling *(Handkea utriformis)* auf einer Wiese. Alte Exemplare reißen kelchförmig auf und verfärben sich dunkelbraun; man kann sie oft noch im kommenden Jahr in der Nähe der frischen Fruchtkörper finden.

Ein Massenvorkommen von Birnenstäublingen *(Lycoperdon pyriforme)*. Der häufige Pilz wächst fast immer an totem Holz.

Das Wort *brumale* im wissenschaftlichen Namen des Zitzen-Stielbovists bedeutet »im Winter wachsend«. So sehr dieser Pilz also extrem warme und trockene Standorte vorzieht – seine Fruchtkörper bildet er in den Monaten November bis März. Sie sind zwar recht ausdauernd und können das ganze Jahr über gefunden werden, doch ab April werden sie von anderen Pflanzen überwuchert.

Zum Schluss noch eine Warnung für alle, die meine Behauptungen in ihren Sammelgebieten überprüfen wollen: Die geschilderten Schnellstraßenstandorte sind nicht ganz ungefährlich. Schwere Sattelschlepper rumpeln vorbei, PKWs mit einer Reisegeschwindigkeit von unter einhundert Stundenkilometern sind eher die Ausnahme als die Regel. An Autobahnen kommt man legal gar nicht an die fahrbahnnahen Böschungen heran. Auch ist es auf langen Geraden an waldfreien Streckenabschnitten oft nicht leicht, einen geeigneten Parkplatz zu finden, und last not least ist es nicht jedermanns Sache, an steilen Böschungen herumzuturnen. Bei der Inspektion eines der mittlerweile 23 mir bekannten Stielbovist-Vorkommen in der Nähe meines Wohnorts hielt ein vorbeifahrender Streifenwagen. Zwei Polizisten stiegen aus, warfen wie nebenbei einen Blick auf die TÜV-Plakette an meinem Wagen und erkundigten sich nach meinem Tun. Ich erklärte ihnen ungefähr das Gleiche, was ich hier geschildert habe. Die Beamten hörten es sich geduldig an und fuhren wieder von dannen. Ob sie freilich meiner Anregung, an vielversprechenden Standorten selbst einmal nach Stielbovisten Ausschau zu halten, auch nachgekommen sind, entzieht sich meiner Kenntnis.

Eine der ausgefallensten Sporenverbreitungsstrategien hat ein anderer Bauchpilz entwickelt, der, obgleich er nicht selten ist, wegen seiner geringen Größe nur von sehr aufmerksamen Pilzfreunden gefunden wird. Der Kugelschneller *(Sphaerobolus stellatus)* umgibt die Sporenkugel mit einer mehrschichtigen Hülle, deren innere Lage sich bei der Reife aufwölbt und die Kugel mit einem hörbaren Knacken regelrecht abschießt. Das nur wenige Millimeter breite und hohe Gebilde, das ein wenig an einen Mini-Erdstern erinnert, entwickelt mithilfe von osmotischem Druck (er entsteht durch unterschiedliche Konzentration gelöster Salze in der Zellflüssigkeit) die Kraft, einen Großteil seines Gesamtgewichts über eine Entfernung von 3 m und mehr von sich fortzuschleudern. Wer sich in Gedanken also gerne miniaturisiert, kann auf der Sporenkugel von *Sphaerobolus* einen imaginären Münchhausen-Ritt zur nächsten Brombeerranke unternehmen. Aber Vorsicht, Dornen!

Trüffelträume

Rundlich bis unregelmäßig knollig oder kartoffelförmig sind auch jene Pilze, über die man meist hinwegschreitet, ohne sie zu sehen. Die unterirdische Welt der Echten Trüffeln, der Wurzel-, Hirsch-, Rasen-, Karotten-, Mäander-, Schwanz- und Wüstentrüffeln, der Erd- und Blaunüsse und wie sie alle heißen, bildet einen im Erdreich verborgenen Kosmos für sich. Dutzende von Arten sind auch aus Deutschland bekannt; weltberühmt aber sind nur die Piemont- und die Périgordtrüffel *(Tuber magnatum* und *T. melanosporum)* aus dem Mittelmeerraum, die mit Kilopreisen von bis zu 5000.– DM und mehr zu den teuersten vegetabilischen Handelsgütern zählen. Mit den Büchern, die über diese Pilze geschrieben wurden, lassen sich Regale füllen. Selbst die schöngeistige Literatur hat sich ihrer – und des Kults, der sich um sie herum rankt, – bemächtigt, wie die Romane »Trüffelträume« des Briten Peter Mayle und »Der Trüffelsucher« des in Frankreich lebenden Amerikaners Gustaf Sobin zeigen. In der dunklen Abgeschlossenheit der Erde verhalten sich diese Pilze eher passiv: Weder schleudern sie ihre Sporen ab wie der Kugelschneller noch überantworten sie sie dem Sporen verwirbelnden Wind. Die Verbreitung erfolgt vor allem durch Tiere, die die Knollen ausscharren und fressen. Um sie anzulocken haben viele »Hypogäen« (unterirdisch wachsende Pilze) Aromastoffe entwickelt, die auf bestimmte Tierarten unwiderstehlich wirken. Der Mensch macht sich diese Eigenschaften zu nutze, indem er Hunde und Schweine abrichtet, die ihm bei der Jagd nach den begehrten Knollen zur Hand gehen.

Die Périgord-Trüffel *(Tuber melanosporum)* ist vermutlich das teuerste »Gemüse« der Welt.

Die Parfümerie der Pilze: über edle Pilz-Düfte und ihr Gegenteil

Foto S. 56/57: Orangebecherlinge *(Aleuria aurantia)* sind schon oft für achtlos am Wegrand fortgeworfene Apfelsinenschalen gehalten worden.

Der giftige Satanspilz *(Boletus satanas)*, eine seltene, geschützte Art, die nur in Kalkbuchenwäldern vorkommt, stinkt schon im frischen Zustand sowie beim Trocknen unangenehm nach Urin. Nur der Aasgeruch alter Exemplare ist noch übler...

Pilz-Verführung

Ångermanland, Schweden, im August 1995. Nun fahren wir schon seit zweieinhalb Stunden hinter diesen Einheimischen her, und der Wald rechts und links der ungeteerten Straße wird nur ab und zu durch ein Moor, einen See oder einen kleine Fluss unterbrochen... Wir – meine Frau und meine Tochter – im alten Kombi, der so überladen ist, dass er vor ein paar Tagen beim Verlassen der Fähre mit dem Heck auf den Boden schlug. Vor uns im unvermeidlichen Volvo – und in einem Tempo, das unsere durchschnittliche Urlaubs-Reisegeschwindigkeit um ca. 30 Stundenkilometer überschreitet, zumal auf solchen Schotterpisten – drei schwedische Mykologen mit einem kombinierten nordischen Pilz-Fachwissen, das das meine bei weitem übersteigt. Bleiben wir ihnen dicht auf den Fersen, so hüllt uns eine Staubwolke ein, denn es hat seit ein paar Wochen kaum geregnet. Nimmt man den Fuß vom Gas, sind die drei in kürzester Zeit auf und davon, und die Staubwolke bleibt einem trotzdem nicht erspart.

Endlich hält der Wagen vor uns. Wir befinden uns am Rande eines gottverlassenen Sumpfs. Kaum ausgestiegen, umhüllen uns Mückenschwärme, gegen die selbst unser Schutzmittel nicht viel ausrichten kann. Unsere Freunde scheuchen uns in den Wald. Den Frauen reicht es bald – sie ziehen sich fluchtartig wieder in die relative Bequemlichkeit des Autos zurück. Ich jedoch erreiche mit rotgestochenem Gesicht jenen alten Salweidenstamm, der das Ziel dieser Parforce-Tour durch die Einsamkeit ist.

Der Duft ist verführerisch süß, wie feinste Seife aus der Parfümerie, angereichert mit einer Aniskomponente, die an Weihnachtsgebäck erinnert. Er strömt von einem etwa handtellergroßen Pilz aus, den ich, wüchse er an einer Birke, für ein Kümmerexemplar des häufigen Birkenporlings *(Piptoporus betulinus)* gehalten hätte: Die Hutkante ist braun, die Poren auf der schräg abwärts verlaufenden Unterseite sind klein und weiß. *Haploporus odorus* – Nördlicher Anisporling – nennt der Fachmann diesen Pilz, der hier in Zentralschweden seine südlichsten und westlichsten Vorposten hat. Im hohen Norden des Landes, in Norwegen, Finnland und der russischen Taiga ist er weiter verbreitet. Der erste

Alte Fichtenstümpfe besiedelt der häufige Fenchelporling *(Gloeophyllum odoratum)*. Auf Pilzwanderungen für Anfänger erregt sein angenehmer, fast parfümiert wirkender Geruch immer wieder Aufmerksamkeit.

Wissenschaftler, der sich mit diesem Pilz beschäftigte, war niemand anders als der große Carl von Linné, der Begründer der modernen Pflanzensystematik.

Ein kräftiger Anisduft entströmt den tütenförmigen Fruchtkörpern des Anis-Zählings *(Lentinellus cochleatus)*. Ein geruchloser Doppelgänger *(L. inolens)*, den man früher als Varietät ansah, hat sich inzwischen als eigenständige Art entpuppt.

Man zeigte ihm ihn 1732 auf seiner Lapplandreise, und er erfuhr, dass sich die jungen Männer in jenen nördlichen Breiten mit den duftenden Fruchtkörpern um die Gunst der Lappenmädchen bemühten. Linné spottete darüber: »O, lächerliche Venus, der Dir anderswo Schokolade und Naschwerk, Edelsteine und Perlen, Gold und Silber, Seide und Kosmetika, Tanz und Spiel dargebracht werden. Du musst Dich hier mit einem saftlosen Pilz begnügen...«

Auch wenn ich den seltenen Pilz mitgenommen und mich nicht mit ein paar Fotos zufrieden gegeben hätte, wäre diese Form der Werbung bei Frau und Tochter im stickigen Auto mit Sicherheit nicht angekommen. In Mykologenfamilien haben es die nicht von der Pilzleidenschaft infizierten Mitglieder oftmals nicht leicht – ein Bravo daher allen Ehe- und anderen Partnern, allen Töchtern, Söhnen, Neffen, Nichten, Enkeln und Eltern, die es mit Nachsicht und Sympathie verstehen, die manchmal etwas aus dem Ruder laufenden Enthusiasten im richtigen Fahrwasser zu halten!

Im Reich der Düfte

Um edle Pilzgerüche zu erschnuppern, muss man beileibe nicht in die Taiga reisen. Ein auch bei uns verbreiteter, ja vielerorts häufiger Porling mit ähnlichem Duft ist die Anis-Tramete *(Trametes suaveolens)*. Ähnlich wie ihr nordischer Verwandter kommt sie an Weidenholz vor, und zwar ausschließlich. Am Rande eines Löschweihers in einem oberbayerischen Dorf fand ich einmal über hundert frische Exemplare an einer Silberweide – vom Stammgrund bis hinauf in die Krone besiedelten sie den Baum. Schwerer, süßer Anisgeruch hing wie eine Duftglocke über der spätherbstlichen Szenerie. Wo es noch alten Kopfweiden gibt, wird man den Pilz regelmäßig finden, ebenso an Zaunpfählen aus Weidenholz. Verbürgt ist ferner ein ungewöhnlicher Nachweis aus Köln am Rhein: Zum Entsetzen der Kuratoren des Museums Ludwig wuchsen 1991 aus einer massiven, »Spirit of Europe« betitelten Holzskulptur des Malers und Holzbildhauers A. R. Penck üppige Anistrameten hervor – und verrieten damit, dass das teure Kunstwerk von einer intensiven Weißfäule befallen war.

Pilzen mit auffallendem Anis- oder Bittermandelgeruch begegnet man während der Hauptsaison im Spätsommer und Herbst in vielen Wäldern. Zu den bekanntesten unter ihnen gehören der Anis-Zähling *(Lentinellus cochleatus)*, der aber auch ohne dieses Merkmal unverkennbar wäre: Seine braunen, an Totholz wachsenden Fruchtkörper haben keinen oder einen nur sehr kurzen Stiel und sind jung tütenförmig eingerollt, die Lamellen

Viele »kleine Braunsporer« sind selbst für fortgeschrittene Pilzkenner, die regelmäßig mit dem Mikroskop arbeiten, oft nur schwer bestimmbar. Den Bittermandel-Risspilz *(Inocybe hirtella)* erkennt man jedoch problemlos an seinem süßen, angenehmen Duft.

schartig wie ein Sägeblatt. Der Anis-Zähling hat einen seltenen Verwandten, den blassgelben Anis-Sägeblättling *(Lentinus suavissimus)*, der tote Äste in feuchten Weidengebüschen besiedelt. Sollte Ihnen in einem süddeutschen Feuchtgebiet ein feiner Anis-Duft in die Nase steigen, suchen Sie ihn! Er wächst oft so versteckt, dass man ihn eher mit der Nase als mit den Augen findet.

Zu den herbstlichen Streuverzehrern zählt der Grüne Anis-Trichterling *(Clitocybe odora)*, bei dem der Geruch allerdings so penetrant ist, dass er von manchen schon als unangenehm empfunden wird. Anis-Champignons gibt es mehrere; der verbreitetste ist der Schiefknollige *(Agaricus abruptibulbus)*. Der Anisgeruch ist eines jener Merkmale, die den Pilz von giftigen Knollenblätterpilzen unterscheiden; man sollte unbedingt aber auch die anderen kennen – z. B., dass die Lamellen der Champignons niemals rein weiß

Langstielige Knoblauchschwindlinge *(Marasmius alliaceus)* im Falllaub. Den Namen verdanken sie ihrem Geruch. Man findet sie oft zusammen mit Gelbmilchenden Helmlingen (s. S. 27) in Buchenwäldern auf Kalkboden.

sind, sondern graulich, rosa oder schokoladenbraun. Erwähnt seien schließlich auch noch der kleine ockerbraune Bittermandel-Risspilz *(Inocybe hirtella*, s. S. 61), den sein Geruch aus der für Anfänger unübersehbaren Heerschar kleiner braunsporiger Lamellenpilze hervorhebt, und der Mandel-Täubling *(Russula laurocerasi)*, der zu einer Gruppe stark duftender, kerbrandiger, ockergelber bis brauner Gattungsgenossen gehört, von denen einige durch sehr eigenwillige Duftkomponenten beeindrucken. Die Namen Camembert-Täubling *(R. amoenolens)* und Stinktäubling *(R. foetens)* sprechen für sich.

Auch der Knoblauchgeruch ist im Reich der Pilze verbreitet. Der Langstielige Knoblauchschwindling *(Marasmius alliaceus)* ist ein Charakterpilz von Buchenwäldern auf besseren Böden. Für seinen kleinen Bruder, den Echten Knoblauchschwindling oder Mousseron *(M. scorodonius)*, der scharenweise in der Nadelstreu wächst, wird in Frankreich viel Geld gezahlt – sein Aroma macht ihn zu einem der begehrtesten Speisepilze nach der Trüffel!

Viele andere Pilzduft-Komponenten sind beschrieben worden, und es gibt umfangreiche chemische Untersuchungen über die Stoffe, aus denen sie sich zusammensetzen. Ein eleganter kleiner Lamellenpilz, der Gurkenschnitzling *(Macrocystidia cucumis)*, und eine in Feuchtgebieten vorkommende Varietät des Dehnbaren Helmlings *(Mycena epipterygia* var. *epipterygioides)* riechen nach einem komplexen Gemisch aus überständigem Gurkensalat und rohem Fisch. Der Kampfermilchling *(Lactarius camphoratus)* und der Bruchreizker *(L. helvus)* duften – vor allem nach dem Trocknen – kräftig nach »Maggi«-Würze. Und wer einmal am Seifenritterling *(Tricholoma saponaceum)* geschnuppert hat, der weiß, wie es früher in den Waschküchen roch, in denen sich unsere Groß- und Urgroßmütter die Finger wund schrubbten. Der Geruch ist so charakteristisch, dass man diesen Pilz – große Ausnahme! – am besten mit geschlossenen Augen bestimmt, denn optisch ist er ein wahres Chamäleon, das in den unterschiedlichsten Farben und Formen vorkommt.

Der Seifenritterling *(Tricholoma saponaceum)* ist äußerlich extrem variabel, doch haben alle Formen den unverkennbaren »Waschküchengeruch« gemeinsam.

Weitaus häufiger und für eine Vielzahl von Frischpilzen typisch ist jenes Aroma, das in Pilzbüchern meist mit »Mehlgeruch« bezeichnet wird. Der Mykologe definiert Gerüche meist umgekehrt herum – über den ein oder anderen ihm vertrauten Pilz. Sollte er also tatsächlich einmal die Gelegenheit haben, in einer Mühle an frisch gemahlenem Mehl zu riechen, werden ihm seine Sinnesorgane gleich das Bild frischer Mairitterlinge *(Calocybe gambosa)* vors geistige Auge zaubern. Feinabstufungen gibt es allemal; so entfaltet sich der Mehlgeruch zum Beispiel bei vielen Rötlingen *(Entoloma)* erst, wenn man einen Fruchtkörper anbricht oder aufschneidet.

Subjektive Eindrücke

Gerüche werden vom individuellen Beriecher subjektiv interpretiert, das heißt, sie sind wie viele andere Sinneseindrücke persönlichen Sym- oder Antipathien unterworfen, und so kann es ohne weiteres vorkommen, dass auf einer Exkursion zwei Teilnehmer einen Pilzgeruch als »unangenehm« empfinden, während die nächsten beiden gar nicht genug an der dargebotenen Kryptogame schnüffeln können. Am 3. September 1977 fiel mir in einem jener vielen Moore, die nach dem Ende der letzten Eiszeit zwischen Salzburg und dem Chiemsee entstanden sind, eine Schar unscheinbarer brauner Lamellenpilze ins Auge, die ich noch nie gesehen hatte. Dass es sich um Rötlinge *(Entoloma)* handelte, sagte mir meine Erfahrung und bestätigte sich später aufgrund des rosa Sporenpulvers und der eckigen Konturen der Sporen unter dem Mikroskop. Dass ich jedoch, der ich mich, weil ich die Schwierigkeiten bei der Bestimmung kannte, bis dato kaum mit den Rötlingen befasst hatte, die Pilze überhaupt mit-

Junge Mairitterlinge *(Calocybe gambosa)*. Den bekannten Speisepilz, der bereits im Frühjahr wächst, charakterisiert ein angenehmer Duft nach frischem Mehl.

nahm, lag an ihrem außergewöhnlichen, kräftigen Geruch. Wer so kräftig nach würziger Bratensauce riecht, muss einfach leicht bestimmbar sein, dachte ich mir und war fest davon überzeugt, nach dem Durchblättern der Fachliteratur schon bald auf eine Art mit diesem unverwechselbaren Merkmal zu stoßen.

Doch weit gefehlt! Die Probleme begannen schon damit, dass ich daheim ein paar Bekannte und verschiedene Familienmitglieder an dem braunen Rötling riechen ließ. Etwa die Hälfte der »Testpersonen« wandte sich angeekelt ab und behauptete, der Pilz stinke ganz entsetzlich nach verbrannten Autoreifen, während die übrigen meine Auffassung bestätigten und fragten, ob die Art als Gewürzpilz verwertbar sei.

Ich will Ihnen die nun einsetzende Bestimmungs-Odyssee ersparen. Nichts Vergleichbares war in der europäischen und außereuropäischen Fachliteratur beschrieben worden. Vorübergehend gab es zwar eine heiße Spur nach Tennessee, doch der genaue Vergleich mit dem dort gefundenen Pilz konnte die Identität der beiden Arten nicht bestätigen. Der duftende oder stinkende Pilz aus dem Moor war tatsächlich eine Weltneuheit, das heißt, es gab ihn natürlich schon seit Tausenden von Jahren, aber er war noch nie zuvor einem Mykologen in die Hände gefallen, der ihn hätte beschreiben können. Der niederländische Experte Dr. Machiel Noordeloos von der Universität Leiden, führender Rötlingsexperte der Welt, nahm sich schließlich des Problems an und veröffentlichte die Art unter dem Namen *Entoloma nausiosme*. Sein Artikel und die spätere Darstellung in einem Bildband über Rötlinge führten dazu, dass bald auch Funde aus anderen Ländern Europas gemeldet wurden.

Nicht nur der Mensch mag Pilze und ihr Aroma: Eine Nacktschnecke labt sich an einem Sklerotienporling *(Polyporus tuberaster)*.

In meinem »Hausmoor«, dessen Pilzflora ich seit über 30 Jahren studiere, blieb der »Bratensauce-« (oder »Autoreifen-?«)Rötling lange aus, sodass ich schon an ein »adventives«, also einmaliges, zufälliges Vorkommen glaubte. Doch dann entdeckte ich am 10. September 1998 nur etwa 50 Meter von der ursprünglichen Stelle entfernt, erneut ein Exemplar. Ich führte es zur Nase – und erschrak! Der Bursche stank ganz übel nach verbranntem Gummi! Mehr als 21 Jahre nach dem Erstfund musste ich dem anderen Lager Recht geben. Noch heute frage ich mich, ob mich dieser Pilz zum Narren hält – oder ob sich das menschliche Geruchsempfinden mit zunehmendem Alter verändert.

Foto rechte Seite: Der Orangebecherling *(Aleuria aurantia)*: Wie riecht er nun wirklich? Nach Pfifferlingen, »Übelkeit erregend« – oder überhaupt nicht? Selbst häufige Pilze geben uns immer wieder Rätsel auf.

Das Geheimnis des Orangebecherlings

Manche Gerüche treten nur unter bestimmten äußerlichen Bedingungen oder in einem bestimmten Entwicklungsstadium des Pilzfruchtkörpers auf. Einmal schickte mir eine pilzbegeisterte ältere Dame mit mehr als 40 Jahren Sammelerfahrung einige Orangebecherlinge *(Aleuria aurantia)* zu. »Das Komische an diesem Pilz:«, schrieb sie in ihrem Begleitbrief, »Er riecht kräftig nach frischen Reherln *(Cantharellus cibarius)*.« Ob das schon irgendwo einmal beschrieben sei? Ich schnupperte an den beiliegenden Pilzen und konnte ihre olfaktorische Wahrnehmung nur bestätigen: Das war der typische, an Mirabellenkompott erinnernde Geruch frischer Pfifferlinge, nur eben deutlich stärker. Nun fehlt der schöne, leuchtend orangefarbene und vielerorts häufige Orangebecherling, der gern an geschotterten Straßenrändern, auf Waldwegen, in Wagenspuren und auf Kahlschlägen vorkommt, in kaum einem populären Pilzbuch und ist auch in der wissenschaftlichen Fachliteratur schon oft beschrieben worden. Der Dame würde sicher geholfen werden können. Ich begann zu blättern...

Der Pfifferling *(Cantharellus cibarius)*, auch Eierschwamm oder Reherl genannt, ist wahrscheinlich der beliebteste Speisepilz in Europa. Frisch duftet er fein nach Mirabellenkompott.

Nahaufnahme vom mit Tröpfchen beperlten Rand eines Rotrandigen Schichtporlings *(Fomitopsis pinicola)* in der Wachstumsphase. In der Natur begleitet ein intensiver säuerlicher Geruch die Szenerie.

Der langen Suche kurzes Ergebnis: Ja, es gab einen Hinweis – einen einzigen. Und der war zum Zeitpunkt meiner Recherche bereits uralt. William Phillips (1822–1905), korrespondierendes Mitglied der Schottischen Kryptogamischen Gesellschaft und »Fellow of the Linnaean Society«, hatte Ausgang des 19. Jahrhunderts in seinem heute so gut wie vergessenen Buch »A Manual of the British Discomycetes« am Ende seiner Beschreibung des Orangebecherlings vermerkt: »The odour in drying is pleasant, resembling *Cantharellus cibarius*.« Danach: Nichts mehr. »Geruch- und geschmacklos«, heißt es im vielzitierten Handbuch für Pilzfreunde von Michael, Hennig und Kreisel (1978). »Saveur et odeur faibles« (Geruch und Geschmack schwach), schreibt André Marchand (1973), um uns wenige Zeilen später zu empfehlen, Orangebecherlinge roh mit Kirschwasser zu übergießen, zu zuckern und in diesem Zustand zu konsumieren (ich habe das nicht probiert und würde es wegen der verwandtschaftlichen Nähe zu mehreren roh stark giftigen Arten auch nicht unbedingt empfehlen). In Italien empfand der berühmte Abbé Giacomo Bresadola (1847–1929) den Geruch des farblich so attraktiven Pilzes sogar als »Übelkeit erregend« (»nauseatus«).

Sein Wort hatte Gewicht, also verließen sich spätere Mykologengenerationen darauf und schrieben es ab (wer hat auch schon einen halb angetrockneten Orangebecherling zur Hand, wenn er gerade ein Buch schreiben muss...?).

Man kann es nur wiederholen: Hier geht es um einen weithin bekannten, häufigen Pilz, den jeder passionierte Pilzsammler schon einmal gesehen hat. Sind unsere Nasen so trügerisch oder launisch, dass sie dem einen dieses suggerieren, dem anderen jenes und einen dritten völlig unbeeindruckt lassen? Oder stecken hinter den divergierenden Angaben unterschiedliche Formen, regionale Varietäten oder gar noch unerkannte Arten, die sich außer im Geruch vielleicht nur noch durch verschiedene genetische Strukturen trennen lassen? Je mehr man über die Pilze zu wissen glaubt, desto größer werden die Zweifel am Bekannten!

Zu den häufigsten Blätterpilzen unserer Wälder gehört der giftige Rettichhelmling *(Mycena pura)*. Der lilaviolette, bald ausblassende Hut und der kräftige Rettichgeruch sind seine Kennzeichen.

Was Fliegen mögen…

Während man über die Qualität mancher Pilzgerüche also durchaus streiten kann, herrscht auf der anderen Seite Einmütigkeit darüber, dass manche Arten stinken, und zwar bestialisch.

An trockenen Frühsommertagen, wenn die Pilzpirsch kaum lohnt, weil die Mairitterlinge schon vertrocknet sind und die ersten Pfifferlinge, Hexenröhrlinge und Steinpilze noch auf einen befreienden Gewitterguss warten, weht uns ein eigenartiger Duft an – aber nein, das wäre ein unzulässiger Euphemismus! Ein übler, Ekel erregender Gestank kreuzt unsichtbar unseren Weg. Liegt hier irgendwo im Falllaub ein totes Reh? Ein paar Schritte weiter stinkt es schon wieder erbärmlich. Wir sehen uns um, gehen ein wenig vom Pfad ab ins Gebüsch – und da steht sie plötzlich vor uns, oder eigentlich er: *Phallus impudicus* – nomen est omen, die Botaniker des 18. und 19. Jahrhunderts waren in der Wahl der wissenschaftlichen Namen nicht zimperlich. »Stinkmorchel« heißt der Pilz nur im Deutschen, ein unglücklicher Name, denn mit den echten Morcheln hat dieser Pilz nicht das geringste zu tun. Die Engländer nennen ihn »stinkhorn«, die Dänen und Schweden »stinksvamp«, während Italiener und Franzosen mit »satirione« und »satyr puant« den erotischen Bezug bewahren.

Als wir dem Pilz zu nahe treten, fliegt brummend ein Fliegenschwarm auf, der sich am schwarzen Sporenschleim der Kappe gelabt hat. Auf die Fliegen muss das Stinkmorchelparfüm wirken wie einst der schönen Loreley Gesang auf die Rheinschiffer. Allerdings müssen die Insekten ihr »Schwach-werden« nicht mit dem Leben bezahlen. Vollgesogen mit der Stinkbrühe, verbreiten sie die Sporen in alle Himmelsrichtungen.

Nach dieser unappetitlichen Vorgeschichte klingt es wie Hohn, wenn wir erfahren, dass Stinkmorcheln sogar schon gegessen worden sind. Das weiße, noch geschlossene Jugendstadium (»Hexenei«) riecht nur schwach säuerlich und keineswegs unangenehm. Im Längsschnitt erkennen wir unter einer glasig-gallertigen Schicht das noch unreife, olivgrüne Sporenlager. Wer Hexeneier in Scheiben schneidet, paniert und brät, mag sie zu sich nehmen – er sollte allerdings

auch wissen, dass ein Schweizer Pilzfreund vor einigen Jahren von Sehstörungen, Schwindelgefühl und abnormem Harndrang nach Hexeneigenuss berichtete. Selber habe ich Hexeneier einige Male folgenlos verspeist, wobei mich ihr Geschmack nicht sonderlich beeindruckte.

Gierig stürzen sich die Fliegen auf den Sporenschleim der Stinkmorchel *(Phallus impudicus)*. Auf dem Bild links ist auch der poröse Stiel zu sehen.

Übrigens: Sollten Sie in den Dünen von Langeoog oder Sylt über eine Stinkmorchel stolpern und keinen üblen Geruch wahrnehmen, dann liegt das nicht am frischen Meereswind oder an Ihrem Schnupfen. Die Dünen-Stinkmorchel *(Phallus hadriani)*, die zwischen Strandhaferstengeln aus dem bloßen Sand ragt, stinkt nicht oder nur sehr geringfügig. Die Hexeneier erkennt man an ihrem violetten Farbton. Und wenn Ihnen eine »Mini-Stinkmorchel« mit orangefarbenem Stiel begegnet, dann haben Sie es mit der Hundsrute *(Mutinus caninus)* zu tun, die – nebst einigen selteneren Verwandten – sogar in schattigen Gärten auftreten kann.

Die Stinkmorchel zählt zu den »Blumen- und Rutenpilzen«, deren Hauptverbreitungsgebiet in den tropischen und subtropischen Regionen der Erde liegt. Dort entwickeln sie eine fast unübersehbare Farb- und Formenvielfalt, von der man hierzulande nicht allzu viel mitbekommt – es sei denn... Ein Blumenpilz hat es nämlich geschafft, und wenn Sie in seinem Einzugsbereich leben oder urlauben, dann hat Ihr sensibles Riechorgan wahrscheinlich schon längst mit ihm Bekanntschaft gemacht...

Ein exotischer Gast

Die Invasion begann vom Westen her, obwohl der Krieg schon vorüber war. Ein Apotheker in den Vogesen war, soweit es sich rekonstruieren lässt, der erste europäische Naturwissenschaftler, der sich über einen exotischen Pilz den Kopf zerbrach, der im Gebiet der ehemaligen Schlachtfelder des Ersten Weltkriegs aufgetaucht war und sich seither in alle Himmelsrichtungen ausgebreitet hat. Bevor wir uns jedoch näher mit dieser hervorragend dokumentierten Erfolgsstory eines botanischen Einwanderers und Neubürgers beschäftigen, möchte ich Ihnen erzählen, wie ich persönlich diesen Sonderling kennenlernte.

Im Jahr vor meinem Abitur arbeitete ich während der Ferien in der Paketauslieferung der Stuttgarter Hauptpost. Da der Dienst bereits um 5 Uhr morgens begann, war er schon am frühen Nachmittag zu Ende. Und mochte mich während der Arbeit auch mehrmals die Müdigkeit anfliegen – danach war ich hellwach: Wunderschöne, ausgedehnte Laubwälder umgeben die baden-württembergische Landeshauptstadt. Ich hatte neun der achtzehn Jahre meines damaligen Lebens im Voralpenland zugebracht, und meine Kenntnisse waren daher einseitig geprägt von der Pilzflora großer Fichten- und Tannenforste. Also nützte ich die Chance, die der Ferienjob mir bot, und verschwand nach Dienstschluss so schnell wie möglich in einem jener Gebiete mit so wohltönenden Namen wie »Gallenklinge« und »Kräherwald«, in denen es noch viele Eichen und Buchen gab.

Nicht weit vom Bärensee im Südwesten der Stadt, wo mich an einer alten Eiche bereits ein Riesenexemplar des saftigen, blutroten Leberreischlings *(Fistulina hepatica)* überrascht hatte, gleich neben einem viel begangenen Spazierweg, stieg mir Aasgeruch in die Nase. Aha, die Stinkmorchelzeit ist gekommen, dachte ich und rümpfte mein Geruchsorgan. Nur selten verdächtigt man *Phallus* zu Unrecht, weil tatsächlich ein Tierkadaver im Unterholz liegt. Doch die Quelle des Gestanks, der in jenen Augusttagen des Jahres 1968 die Wälder um den Bärensee durchzog, war weder eine Stinkmorchel noch ein totes Reh: Zwischen altem Laub und spärlichem Grün im sommerlich hellen Schatten der alten Buchen gluckten sie in Scharen wie große rote Spinnen – blutrot, ja, aber das Rot der Beine (die ich

Ein herbstlicher Mischwald mit Buchen und Kiefern. Beide Bäume sind Symbiosepartner vieler bekannter Speisepilze. Wenn es ausreichend geregenet hat, lohnt sich hier die Suche bestimmt. Aber Vorsicht – auch Giftpilze kommen in solchen Wäldern vor, zum Beispiel der Tigerritterling *(Tricholoma pardinum)*!

Tintenfischpilz (*Clathrus archeri*): Die roten, mit schwarzem Sporenschleim beschmierten Arme sind über Nacht aus dem Hexenei geschlüpft und breiten sich nun aus. Ein älterer Fruchtkörper ist auf Seite 21 abgebildet.

später, korrekt, »Arme« nannte) war von schimmerndem Schwarz gemustert, das sich tropfig-schlierig in die Länge zog. Die Beine (Arme) quollen gemeinsam aus einem sackartigen Gebilde und waren von feiner, filigraner Struktur, ein poröses Geflecht, dem eine gewisse Eleganz nicht abzusprechen war. Der infernalische Gestank änderte nichts daran, dass dieses Wesen in Leichtbauweise, das mir wie eine Kreuzung zwischen Kerbtier und Pflanze vorkam, eine gewisse eigenständige Ästhetik besaß.

In der Tat verdankt der Exot einer Assoziation mit der Tierwelt seinen Namen: Tintenfischpilz (*Clathrus archeri*). Auch nicht schlecht. Und dass man ihn schon vor meiner Entdeckung (die für erfahrene Stuttgarter Mykologen zum damaligen Zeitpunkt längst keine Besonderheit mehr war) zur Ordnung der Blumenpilze zählte, zeigt, dass auch der Vergleich mit den Blütenpflanzen so furchtbar weit hergeholt nicht war.

Sowohl der Geruch als auch die oftmals grellen Farben der Blumenpilze sind Werbestrategien auf dem Markt der Evolution, eine an die Sinne anderer Organismen gerichtete Marktschreierei im Wettbewerb um die ökologische Nische. Die Adressaten sind Insekten, denen der Pilz signalisiert: Hier gibt es etwas zu fressen. Und die Strategie ist nicht minder erfolgreich wie bei der Stinkmorchel. In Scharen werden Käfer und Fliegen angelockt, schlagen sich mit dem stinkenden schwarzen Schleim die Mägen voll und verbreiten mit ihrem Kot die darin enthaltenen

So attraktiv der Spitzschuppige Schirmling *(Cystolepiota aspera)* auf den ersten Blick aussehen mag: Sein übler Geruch wirkt abstoßend. Der schwach giftige Pilz wächst sowohl in Wäldern als auch in Parks und Gärten.

Sporen in alle Winde – genauso, wie jene Vögel und andere Tiere, die das mit dem Sporenschleim vollgesogene Insekt fressen und verdauen.

Sporen des Tintenfischpilzes, so lautet die Theorie, die Einiges für sich hat, kamen während des Ersten Weltkriegs in den Stiefeln und Kleidern australischer und neuseeländischer Soldaten, mit Wollimporten oder aber im Fell und der Nahrung australischer Kriegspferde nach Europa. Da der Pilz schon in seiner Heimat die gemäßigteren Klimazonen der Gebirge und des Südens vorzieht, fiel ihm die Anpassung an unsere Breiten nicht schwer. German J. Krieglsteiner, Ehrenvorsitzender der Deutschen Gesellschaft für Mykologie, hat in einem aufschlussreichen Aufsatz mit zahlreichen Karten den Siegeszug des pilzlichen Neubürgers nachvollzogen: Längst hat der Tintenfischpilz Süddeutschland in östlicher Richtung durchquert und ist in Tschechien ebenso eingebürgert wie in Österreich. Die Ostgrenze seines europäischen Areals liegt gegenwärtig in der Slowakei und Südpolen.

Kleiner Einblick in die Geheimnisse der Pilznamenskunde

Foto S. 76/77: Wer Stockschwämmchen *(Pholiota mutabilis)* sammeln will, sollte sich ihre Merkmale genau einprägen, denn die ebenfalls an Holz wachsenden Gifthäublinge *(Galerina marginata* und verwandte Arten) können sehr ähnlich aussehen.

Von Afterleistling bis Zitterzahn

Ich würde mich ja gerne näher mit den Pilzen befassen, aber ich habe in der Schule nie Latein gelernt. Kommt man denn nicht auch mit den deutschen Namen aus?

Die Frage lässt sich am besten mit einem Beispiel beantworten: Ich kenne einen äußerst erfahrenen Freizeitmykologen, der Führungen veranstaltet und Vorträge bei Vereinen und an Volkshochschulen hält. Er kennt weit mehr deutsche Pilznamen als ich, tut sich aber schwer mit den wissenschaftlichen, und so kommt es, dass wir auf gemeinsamen Exkursionen meist zweisprachig durch den Wald laufen: »Hast du das Rasige Hängebecherchen schon in deinen Auwäldern gefunden?« fragt er mich zum Beispiel. Worauf ich eine Weile überlege und dann zurückfrage: »Ach, meinst du vielleicht *Merismodes anomalus?*« – »Kann sein«, antwortet er und beschreibt mir seinen Pilz mit Worten, bis ich merke, dass meine Vermutung richtig war.

Wissenschaftliche Anerkennung, die er aufgrund seiner Artenkenntnis verdient hätte, wird meinem Bekannten, wenn überhaupt, nur in geringem Maße zuteil; eine Verständigung mit ausländischen Pilzfreunden ist ihm trotz guter Englischkenntnisse so gut wie unmöglich und auf Tagungen wird er sich verloren vorkommen, denn da heißt ein Wiesenchampignon eben *Agaricus campestris,* ein Flaschenstäubling *Lycoperdon perlatum* und ein Habichtspilz *Sarcodon imbricatus.* Viele Pilze haben gar keine deutschen Namen – oder aber diese klingen dermaßen bemüht-konstruiert bis lächerlich, dass man sie ohne Zungenstolpern kaum über die Lippen bringt und sich nach dem einfachen, klaren Latein der wissenschaftlichen Bezeichnung sehnt. Nicht einmal strenge Sprachpuristen, die schon in »cool« und »Service Point« Vorboten eines unaufhaltsamen kulturellen Niedergangs sehen, dürften für »Unebener Pfriemzystidenrindenpilz« statt *Subulicium rallum* plädieren. Und klingt »Duftender Afterleistling« wirklich so viel leichter und schöner als *Hygrophoropsis olida?*

Deutsche Pilznamen sind ohnehin oft keine originären Wortschöpfungen aus altgermanischem Sprach-Urquell, sondern folgen brav der von der Wissenschaft vorgegebenen Linie: »Zitterzahn« (s. S. 116) ist eine direkte Übersetzung des lateinisch-griechischen Kunstworts *Tremellodon;* bei »Schüppling« *(Pholiota)* stand das griechische Wort »pholís« = Schuppe Pate und bei »Nabeling« *(Omphalina)* »omphalós« = Nabel. Die große Ausnahme ist der lateinische Name für die Morchel: In *Morchella* wurde ein deutsches Wort latinisiert und ist nun international verbindlich für alle wissenschaftlichen Morchelbeschreibungen zwischen dem Nordkap und Neuseeland! Und mancher eher kurios klingende Name ehrt postum bedeutende Fachgelehrte, die sich um die Mykologie verdient gemacht haben – wie etwa *Junghuhnia* den Botaniker und Java-Forscher Franz Wilhelm Junghuhn (1809–1864).

Mein Rat: Nur kein Stress! Wenn Sie zehnmal *Amanita* gehört haben, bekommen Sie automatisch mit, dass Fliegen-, Perl- und Knollenblätterpilz dieser Gattung angehören. Denken Sie daran, dass die neuen Namen Teil Ihres neuen Hobbys sind und als Freizeitvergnügen, nicht als Fron betrachtet werden sollten. Pauken Sie keine Vokabeln, sondern lernen Sie »en passant« – im Vorübergehen!

Nicht selten stehen Tiernamen Pate: links der Igelstäubling *(Lycoperdon echinatum)* im Buchenlaub, rechts eine üppig verzweigte Kammkoralle *(Clavulina coralloides).*

Fundort Blumentopf

Viele Menschen haben keinen Garten, aber sie schmücken ihr Domizil mit Pflanzen in Blumentöpfen, Kübeln und anderen Behältnissen. Für die Pilze genügt das. Im Wohnstubenbiotop, wo rund ums Jahr Zimmertemperatur herrscht, haben einige bunte Pilz-Exoten ihre Nische gefunden, die sonst in unseren Breiten nicht überwintern könnten. Der, von dem hier die Rede sein soll, kommt bei uns nur in geschlossenen Räumen vor. Er wuchs beispielsweise in einem rheinischen Verlagshaus in einem Blumentopf vor dem Chefbüro, wo ihn die Sekretärin Ulla L. entdeckte, schreckte aber auch nicht vor einem großen Gummibaumkübel in der Aula der Hauptschule Fridolfing in Oberbayern zurück. Im gleichen Ort fand ihn die Bäuerin Christa K. in einem Blumenstock im Schlafzimmer, und man kann mit einiger Gewissheit davon ausgehen, dass *Leucocoprinus birnbaumii* auch in so gut wie allen Städten und Dörfern zwischen Köln und Fridolfing aufgetaucht ist und die unterschiedlichsten Reaktionen hervorgerufen hat – vom unreflektierten »Igitt!« bis zum neugierigen: »Ja, was ist denn das für ein Schwammerl?«

Der Gelbe Faltenschirmling ist, aus der Nähe betrachtet, ein zierliches, fragiles Pilzwesen, das sicher allein schon wegen seiner Kurzlebigkeit oft übersehen wird. In seiner Jugend, die oft nur wenige Tage währt, ist er am attraktivsten: In leuchtendem Schwefelgelb erscheinen die kaum mehr

Noch ein »tierischer« Pilz: Die Schleiereule *(Cortinarius praestans)*, einer der prachtvollsten Schleierlinge unserer Wälder. In Deutschland steht sie als »stark gefährdet« auf der Roten Liste.

als stecknadelkopfgroßen »Primordien« auf der dunklen Blumentopferde, strecken sich, breiten sich aus, und bald stehen sie aufgeschirmt da wie jene kleinen Papp-Paraplüs, die man früher in der Eisdiele auf die oberste Kugel Stracchiatella steckte, zu dritt, zu viert, gern in kleinen Büscheln, und Hut und Stiel sind noch immer strahlend gelb, es sei denn das weiße Sporenpulver der größeren hat das Gelb des kleineren, darunter stehenden Fruchtkörpers überstäubt. Wenig später verblasst die Pracht; die Pilze verwelken wie eine gepflückte Blume, sinken in sich zusammen, ein Häuflein Vergänglichkeit, das rasch eins wird mit dem Humus, dem es entsprang.

Anders als beim Tintenfischpilz lässt sich beim Gelben Faltenschirmling nicht genau nachvollziehen, von wo aus seine Sprungprozession durch die europäischen Blumentöpfe ihren Ausgang nahm. In den Tropen ist er jedenfalls auch im Freiland verbreitet, so beispielsweise in Sri Lanka und anderen Teilen Asiens. Bei uns wird er im Wurzelwerk exotischer Topfpflanzen oder mit Humusresten eingeschleppt worden sein. In Gärtnereien und Treibhäusern ist er verbreitet, und ein Schädling ist er gewiss nicht.

Ich bin der Neue …

Zu den pilzlichen Neubürgern, die vermutlich mit eingeschleppten Substraten bei uns auftauchen und den Mykologen Kopfzerbrechen bereiten, gehört auch der Bunte Dachpilz *(Pluteus variabilicolor)*, der seit den Sechzigerjahren des 20. Jahrhunderts auf Sägemehldeponien in Ungarn und später auch in Rumänien, Österreich und Italien auftrat. Die jung kräftig rostbraun gefärbten Hüte des stattlichen Pilzes verfärben sich im Laufe der Zeit gelb, der Stiel ist anfangs punktiert wie der eines Birkenröhrlings.

Dass diese kaum verwechselbare Art in über 150 Jahren systematischer Pilzforschung in Europa unbeachtet geblieben war, widersprach allen Erfahrenswerten. Da in der Dachpilz-Weltliteratur aber definitv nichts Vergleichbares zu finden war, beschrieb ihn die ungarische Mykologin Margit Babos als neue Art. Später stellte sich heraus, dass der Pilz in einem populärwissenschaftlichen japani-

Der Gelbe Faltenschirmling *(Leucocoprinus birnbaumii)* in einem Blumenkübel. Der hübsche kleine Pilz ist nicht selten – obwohl er bei uns nur in geschlossenen Räumen vorkommt.

Auf Rindenmulch- und Sägemehldeponien hat sich der Bunte Dachpilz *(Pluteus variabilicolor)* spezialisiert, der möglicherweise aus Asien nach Europa eingeschleppt wurde. Die Aufnahme entstand in Oberösterreich.

schen Pilzbuch bereits abgebildet war – wenngleich fälschlicherweise unter dem Namen eines entfernt ähnlichen europäischen Pilzes! Wo immer der Bunte Dachpilz ursprünglich heimisch sein mag – es gilt der Name der ersten sich zweifelsfrei auf diese Art beziehenden Beschreibung, in diesem Fall also, nach gegenwärtigem Wissensstand, der Name *Pluteus variabilicolor* Babos (der Name des Erstbeschreibers oder der Erstbeschreiberin wird dem Artnamen nachgestellt).

Nun kann man aber nicht einfach einen neuen Pilznamen erfinden, ihn in der Heimatzeitung veröffentlichen, und schon ist die Art von der internationalen wissenschaftlichen Gemeinschaft anerkannt. Voraussetzung ist bis heute – ein Relikt aus der Zeit, in der noch nicht Englisch, sondern Latein die »lingua franca« der Wissenschaft war – die »lateinische Diagnose«, das heißt eine Artbeschreibung in lateinischer Sprache, zu der auch die genaue Angabe der »Typuslokalität« (d. h. des Fundorts) und des Verbleibs des »Typusmaterials« gehört, worunter das Original jenes Pilzfruchtkörpers gemeint ist, auf den sich die Diagnose bezieht.

Erfüllt nun die Beschreibung des Bunten Dachpilzes diese Voraussetzungen? Schlagen wir nach in den »Annales Historico-naturalis Musei Nationalis Hungarici«, zu Deutsch den »Annalen des Ungarischen Naturgeschichtlichen Nationalmuseums« aus dem Jahr 1978. Auf Seite 95 findet sich die lateinische Diagnose, an deren Ende die Funddaten der von der Autorin ausgewählten »Typuskollektion« stehen. Auch der Hinweis auf die wissenschaftliche Einrichtung, bei der das »Typusmaterial« hinterlegt ist, fehlt nicht: »Typus:

56.936, in Herbario Musei Historico-Naturalis Hungarici«, also im Herbarium des schon erwähnten Naturgeschichtlichen Nationalmuseums. Qualifizierte Experten können die Kollektion dort entleihen. Das Vorhandensein von Typusmaterial ist nicht zuletzt deshalb so wichtig, weil mit der Entwicklung neuer Untersuchungsmethoden immer neue Unterscheidungskriterien entdeckt werden. Gut getrocknete oder anderweitig präparierte Aufsammlungen können noch nach Jahrzehnten oder gar Jahrhunderten aufschlussreiche Details über den Feinbau einer Art enthalten.

Da die Originaldiagnose des Bunten Dachpilzes allen formalen Kriterien entspricht, ist der Name *Pluteus variabilicolor* gültig – und bleibt es bis in alle Ewigkeit, es sei denn, ein Forscher entdeckt irgendwo in der pilzkundlichen Literatur früherer Jahre einen älteren Namen für die Art, oder der Name *variabilicolor* wäre tatsächlich innerhalb der Gattung *Pluteus* schon für eine andere Art vergeben gewesen.

Zu den Gattungsmerkmalen der Dachpilze – hier der seltene Löwengelbe *(Pluteus leoninus)* – gehört der rosa bis rosabräunliche Sporenstaub.

Auf den Spuren der Gallertkugel

S*arcosoma globosum* – ein geheimnisvoll klingender Name, weich, düster, rund und ein wenig unheimlich. Wörtlich übersetzt bedeutet er »Kugeliger Fleischkörper«; in den wenigen Pilzbüchern, in denen er enthalten ist, heißt er »Gallertkugel«. Die Schweden nennen ihn gar »bombmurkla« – »Bombenmorchel«.

Unter den jüngeren deutschen Pilzkennern gibt es nur wenige, die dieses eigenartige Gewächs in natura zu Gesicht bekommen

Gallertkugeln *(Sarcosoma globosum)* im Moos; der rechte Fruchtkörper wurde herausgehoben. Die abgebildeten Exemplare stammen aus Mittelschweden.

haben – kein Wunder, denn es ist hierzulande seit über siebzig Jahren ausgestorben oder zumindest verschollen. Ort und Jahr des ersten wie des letzten Fundes sind bekannt: 1755 wurde der Pilz bei Waldhütte in der Nähe von Erlangen von C. H. Schmidel entdeckt (und viele Jahre später als neue Art beschrieben). Die letzten Exemplare sichtete der bayerische Mykologe Sebastian Killermann am 1. April 1928 unweit von Regensburg. Es waren nicht moderne Umwelt- oder Waldbausünden, die der Art den Garaus machten, sondern bereits die ökologische Verfehlungen des 19. Jahrhunderts. Medizinalrat Heinrich Rehm aus dem fränkischen Sugenheim, der große Becherlingsexperte seiner Zeit, schrieb über *Sarcosoma* bereits 1896: »... es scheint, als ob es sich um eine bei uns im Aussterben begriffene, der Waldverheerung unterliegende Gattung handle...«

Wer sich das unsterbliche Verdienst erwerben will, die Gallertkugel wieder zu entdecken, wird sie in düsteren, natürlichen oder zumindest naturnahen Fichtenforsten des Hügellands und der unteren Lagen der Mittelgebirge, besser aber noch in den sumpfigen Wäldern des Nordostens suchen müssen. Und er muss früh im Jahr hinaus, schon kurz nach der Schneeschmelze, wenn die Wälder nässesatt aus ihrer Winterstarre erwachen. Nesterweise schieben sich die zunächst halb unterirdischen Gallertkugeln aus dichter Nadelstreu oder feuchtem Moos empor. Hebt man den

Pilz heraus, so hält man ein knapp faustgroßes, dunkelbraunes Gebilde mit schalenförmig vertieftem Scheitel in der Hand. Es fühlt sich, wie Entdecker Schmidel Ausgang des 18. Jahrhunderts ehrfurchtsvoll formulierte, weich an »wie Seide oder Negerhaut«. Nun, über den Tastsinn lässt sich ebenso streiten wie über gewagte Vergleiche – mich erinnert seine Beschaffenheit eher an eine mit kaltem Wasser gefüllte Mini-Wärmflasche. Schneidet man den Pilz durch, quillt eine helle, schleimig-klebrige Flüssigkeit aus der dann rasch in sich zusammenfallenden runzeligen Kugel und tropft zu Boden.

Die Gallertkugel ist, seitdem ich sie in einem Pilzbuch zum ersten Mal sah, ein »Traumpilz« von mir – das sind jene Arten, die man wenigstens ein einziges Mal in seinem Leben am natürlichen Standort zu sehen hofft. Ich weiß nicht, wie viele Kilometer ich im Vorfrühling durch kühle Nadelwälder gestiefelt bin. Viele interessante Frühlingspilze lernte ich kennen, große Seltenheiten darunter. Der Eigenfund einer Gallertkugel blieb mir versagt.

Der Schatz auf dem Dachboden

Was ich in all diesen Jahren nicht ahnte, war, dass es in einem alten Koffer auf dem Dachboden meines Elternhauses eine Information ruhte, die aufs engste mit der botanischen Geschichte der Gallertkugel verknüpft war!

Und nun muss ich Ihnen meinen Urgroßvater vorstellen.

Albert Peter, armer Schmiedeleute Sohn aus dem ostpreußischen Gumbinnen, war von frühester Jugend an allem interessiert, was kreucht und fleucht, wächst und gedeiht. Sein botanischer Lehrer

Schmutzbecherlinge *(Bulgaria inquinans)* auf einem lagernden Eichenstamm. Wegen der oberflächlichen Ähnlichkeit mit der Gallertkugel wurden beide Arten früher der gleichen Gattung zugeordnet.

an der Universität Königsberg war der damals weit bekannte Botanikprofessor Robert Caspary. Der junge Albert Peter gehörte zu Casparys eifrigsten Zuträgern. Und alles, was er sammelte und bestimmte, trug er mit feiner deutscher Schreibschrift in seine Tagebücher ein, die dank eines gütigen Geschicks zwei Weltkriege und ungezählte Umzüge überstanden. Gelesen hatte die umfangreichen Bände freilich seit Jahrzehnten niemand mehr.

Ich war längst Mykologe, hatte mich ausgerechnet auf die Becherlinge spezialisiert, zu denen *Sarcosoma globosum* im weiteren Sinne gehört, und war in diesem Zusammenhang – mit anderen – dafür verantwortlich, dass die Gallertkugel auf der Roten Liste der gefährdeten oder verschollenen Pilze stand, als mir eines Tages die urgroßväterlichen Tagebücher in die Hände fielen.

Mit Datum von Sonntag, dem 26.4.1874, las ich diesen Eintrag: »... zunächst nach Glottau (hübsche Lage); hier die Lehrer Zander und Behr aufgesucht, bei Letztem zu Mittag gegessen. Herr Behr begleitete mich auf der Excursion durch den Glottauer Wald nach dem Leimangel-See.« Am Ende der Liste mit den auf der Wanderung gefundenen Pflanzen setzte Studiosus Peter hinzu: »*Bulgaria globosa*, ein Pilz, welchen Herr Conrector Seyden bei Braunsberg (...) voriges Jahr gefunden hat...«

Eine aufregende Notiz, wie man sich denken kann: Ein direkter Vorfahre von mir war vor über einhundert Jahren einer der ersten Menschen in Deutschland gewesen, der sich mit einem der seltensten Pilze meines Fachgebiets beschäftigt hatte! Und zwar offenbar recht intensiv, denn schon einen Tag später schrieb er: »Montag d. 27.4.74 schickte ich 2 Exemplare von *Bulgaria globosa* an Herrn Prof. Caspary, eins ließ ich für mich in Glyzerin legen.«

Professor Caspary war es, der in einem Brief an den Mykologen Winter den neuen Gattungsnamen *Sarcosoma* vorschlug, denn mit dem Schmutzbecherling *(Bulgaria inquinans)* hat die Gallertkugel nur eine oberflächliche Ähnlichkeit gemein. Und weil der bereits zitierte Medizinalrat Rehm den Vorschlag aufnahm und veröffentlichte, lautet der vollständige Name heute *Sarcosoma globosum* (Schmidel: Fries) Caspary in Rehm. Dabei zeigen die Autorennamen in Klammer an, dass die Art ursprünglich als einer anderen Gattung zugehörig beschrieben wurde.

Einige Jahre nach meiner Entdeckung gelang es mir, in die damaligen Aufsätze Casparys Einsicht zu nehmen. Der Name Albert Peter kam darin im Zusammenhang mit *Sarcosoma* nirgends vor. Ob das mit der bis heute zu beobachtenden Eigenart mancher Professoren, gewisse Geistesblitze – oder Raritätenfunde – ihrer Schüler zumindest in

Teilen für sich zu reklamieren, zusammenhängt, vermag ich nicht zu sagen. Wenn dem so gewesen sein sollte – mein Urgroßvater tat das in einer solchen Situation einzig Richtige: Er wurde selbst Professor. Er bearbeitete zunächst die Habichtskräuter, erforschte später die Steppengräser Ostafrikas, leitete viele Jahre lang den Botanischen Garten in Göttingen und gründete den berühmten Brockengarten im Harz.
Was mich betrifft, so suche ich den schlabberigen Traumpilz immer noch, obwohl ich ihn inzwischen – einer Zusendung schwedischer Freunde sei Dank – in frischem Zustand sehen, fotografieren und studieren konnte. Manchmal überlege ich, ob ich nicht einmal im Frühjahr nach Polen reisen und mich im ehemaligen Glottauer Wald ein wenig umsehen soll.

Aber der Pilzfrühling hat nicht nur in den masurischen Wäldern, sondern auch daheim Einiges zu bieten. Begleiten Sie mich!

Samtfußrüblinge *(Flammulina velutipes)* fühlen sich nur in der kalten Jahreszeit wohl. Sie wachsen an Laubholz aller Art und sind bei Kennern vor allem als Suppenpilze beliebt. Die reichsten Vorkommen findet man oft in Weidengebüschen am Rande von Gewässern.

Von Morcheln und anderen Kostbarkeiten

Ein kulinarischer Frühjahrskult

Meine ersten Morchelerlebnisse verdanke ich Schuster Wallner. Man sah den kleinen, hageren, ausgezehrt wirkenden Mann, der Anfang der Sechzigerjahre schon hoch in den Siebzigern war und fürs Besohlen immer noch Vorkriegspreise verlangte, an feuchtwarmen Frühjahrstagen die schmale, ungeteerte Straße entlangkommen, die vom Dorf Tengling, dem Bachlauf folgend, gen Westen führt, hinauf zum Weiler Burg, wo auf einem Moränenrücken eine stattliche Zwiebelturmkirche thront. Im Dorf hielt er hie und da inne, sprach mit den Bauern und Bäuerinnen über das Wetter, und die Dörfler fragten ihn, ob es schon »Mailing« gäbe, was damals noch kein Cyber-Ausdruck, sondern das in Südostoberbayern gebräuchliche Wort für »Morchel« war.

Foto S. 88/89: Graue Speisemorcheln *(Morchella esculenta* var. *vulgaris)* in einem Auwald. Morcheln sind oft hervorragend getarnt und kommen an den ungewöhnlichsten Standorten vor.

Der glockige, kleine Hut, dessen Rand nicht mit dem Stiel verwachsen ist, kennzeichnet die Käppchenmorchel *(Morchella gigas)*.

Die gemeinsame Morchelleidenschaft ließ die anfänglichen Verständigungsprobleme zwischen mir und dem alten Dorfschuster – Wallner sprach Bayerisch, ich war »Zugereister« – rasch vergessen. Über Jahrzehnte hinweg hatte der kluge Naturbeobachter den heimischen Morcheln nachgespürt – und deshalb kehrte er auch nie mit leerem Korb zurück. Er konnte nahezu auf den Tag genau voraussagen, wann am Hang des Bachtals hinter meinem Elternhaus mit den ersten Spitzmorcheln zu rechnen war – dunkelbraune Zipfelmützen auf dunkler Fichtenstreu am dunklen, aber südgeneigten und daher von der Frühjahrssonne doch schon ein wenig vorgewärmten Hang. Sie konnten bei geeigneter Witterung schon Ende März erscheinen. Die gelben, rundköpfigen Speisemorcheln kamen ab Mitte April und waren gegen Ende der ersten Maiwoche überständig. Noch über 20 Jahre nach dem Tod von Schuster Wallner finde ich Morcheln an jenen Standorten, die er mir Mitte der Sechzigerjahre gezeigt hat.

Unter Fachleuten besteht ein weit verbreiteter Konsens darüber, dass wir es in Mitteleuropa im Wesentlichen mit 3 Morcheltypen zu tun haben: der Spitzmorchel oder Hohen Morchel *(Morchella elata)*, der Rund- oder Speisemorchel *(M. esculenta)* sowie mit der Käppchenmorchel oder Halbfreien Morchel *(M. gigas)*. 6 mehr oder weniger gleichberechtigte deutsche Namen für 3 Arten deuten schon an, dass sich hinter dieser pragmatischen Einteilung viele ungelöste Probleme verstecken.

Dutzende von Morchelarten sind beschrieben – und wieder verworfen bzw. nicht anerkannt oder auf Varietätenstatus herabgestuft worden. Wer in verschiedenen Gegenden Europas Morcheln gesammelt hat, erkennt regionale Unterschiede und Vorlieben.
Hält sich die Käppchenmorchel, deren unterer Hutrand nicht mit dem Stiel verwachsen ist, im Voralpenland vor allem an die Esche und die Pappel, so scheint sie in Hamburger Parkanlagen Weißdorngebüsche vorzuziehen und begleitet in Westeuropa gern die Ulme – kommt aber hier wie dort auch unter anderen Laubgehölzen vor. Die Hohe Morchel in einer kurzstieligen Form, die auch Spitzmorchel genannt wird, hat in den vergangenen Jahren durch Massenvorkommen auf Rindenmulch von sich reden gemacht. In Neubaugebieten, deren Beete und Anlagen mit geschreddertem Holz gedüngt oder abgedeckt

Dieser sehr ungewöhnliche »Zwillingsfruchtkörper« einer Speisemorchel *(Morchella esculenta)* wurde in einem oberbayerischen Auwald gefunden.

werden, kann sie bei günstiger Witterung zu Tausenden erscheinen. Die Speisemorchel wächst entlang der Voralpenflüsse in Auwäldern, vornehmlich unter Eschen, steigt aber im Rheintal die Hänge empor und gedeiht prächtig in aufgelassenen Weinbergen, am Rande von Spargelfeldern und auf ungedüngten Obstbaumwiesen. In Mittelschweden fand ich Hohe Morcheln noch im August auf Waldbrandflächen.

Unerschöpflich sind die Berichte über Morcheln an z. T. abenteuerlichen Sonderstandorten: In Frankreich gefiel es ihnen in einem Hinterhof, auf dem eine Kfz-Werkstatt über Jahre Altölreste ausgekippt hatte. Eine andere Form oder Art *(M. vaporaria)* wird gar als »Schuttmorchel« bezeichnet und wächst auf überwachsenen Deponien, bisweilen unter hohen Brennnesseln. Aus den Mauerfugen einer alten Treppe, keine zwanzig Meter von meiner Haustür entfernt, wuchs eine Morchel hervor, und Guy Fourré, der französische Myko-Journalist, berichtet, dass man nach dem Krieg Morcheln auf verrottenden Matratzen in ausgebombten Häusern fand!

In Nordamerika werden alljährlich wahre Treibjagden auf Morcheln veranstaltet und die schönste wie beim Preisangeln prämiert. Ohne Superlative läuft dort nichts, und

Der Märzellerling *(Hygrophorus marzuolus)* erscheint schon kurz nach der Schneeschmelze in Bergwäldern. Früher wurde er als Speisepilz auf Märkten verkauft – inzwischen ist er so selten geworden, dass man ihn kaum noch zu Gesicht bekommt.

wer sich zum Beispiel an der »Morel-Madness«-(»Morchelwahnsinn«)-Party im Meramec State Park bei St. Louis im US-Bundesstaat Missouri beteiligt, kann »Morchelkönig«, »Morchelkönigin« oder »Morchelprinz« werden, Hauptsache er oder sie hat am Ende der Jagd die meisten Morcheln oder aber die schwerste im Korb. In von Raubbau-Ängsten ungetrübter Jagdleidenschaft, wettbewerbsnärrisch und »fun-loving«, stürmen die amerikanischen Morchelfans im Frühjahr die Wälder – und verlieren sich in der Weite der Landschaft. In Tausenden von Quadratkilometern großer Laubwälder und weiter Auenlandschaften entlang der Flüsse und Bäche verkrümelt sich die Enthusiastenschar, und man kann getrost davon ausgehen, dass auf eine entdeckte Morchel mindestens deren tausend unentdeckte kommen, die in Ruhe ihre Sporen bilden und damit für Nachwuchs sorgen können... Bei uns erkennt man dagegen die Grenzen des Wachstums: Das Bundesartenschutzgesetz führt die Morcheln unter den geschützten Arten.

Ob er will oder nicht – jeder Morchelsammler ist ein Frühjahrsmykologe und damit potenzieller Entdecker botanischer Raritäten, die um die gleiche Jahreszeit an ähnlichen Standorten wachsen. Es gibt z. B. große, schüsselförmige oder flach dem Boden oder totem Holz anliegende Becherlinge, darunter den Chlor- oder Morchelbecherling *(Disciotis venosa)*. Ein Freund von mir schwärmt vom Wohlgeschmack der Art und schwört darauf, dass sich der unangenehme Geruch beim Kochen verliert. In jenem Auwald am Inn, wo er die Pilze sammelt, kommen sie alljährlich in Massen vor. Anderswo bestaunen Fachleute schon ein Einzelexemplar, das nach Jahren vergeblicher Suche irgendwo aufgetaucht ist, und würden die Vorliebe meines Freundes als barbarisches Gelüst brandmarken. Mir ergeht es ähnlich, wenn ich höre, dass jemand sich die Böhmische Verpel *(Verpa bohemica)* und die Fingerhutverpel *(Verpa digitaliformis)* einverleibt, und doch hört man auch immer wieder von plötzlichen Massenvorkommen dieser beiden Arten, die mancher Pilzfreund ein Leben lang nicht zu Gesicht bekommt.

Die Fingerhutverpel *(Verpa digitaliformis)* zählt zu den Raritäten unter den Frühlingspilzen. Man findet sie oft an den gleichen Stellen wie die Speisemorchel.

Kaum ein Pilz ist so umstritten wie die Frühjahrslorchel *(Gyromitra esculenta)*. Roh oder ungenügend gekocht verursacht sie lebensgefährliche Vergiftungen. Kiefernwälder auf armen Böden sind ihr Lebensraum.

Strenger noch als die Morcheln sind Verpeln an Auenstandorte gebunden, obwohl man sie vereinzelt auch in offenen Heckenlandschaften und manchmal sogar im eigenen Garten finden kann.

Die Doppelgängerin

Eine jener Fragen, mit denen sich der Pilzberater im Frühjahr immer wieder konfrontiert sieht, lautet: »Gibt es da nicht einen gefährlichen Doppelgänger, eine Giftmorchel oder so ähnlich... kann man die Morcheln damit verwechseln?«

Oder so ähnlich... genau! Die Fragesteller sind in ihrem Pilzbuch auf die Frühlingslorchel gestoßen und haben gelesen, dass diese trotz der lateinischen Bezeichnung *esculenta* (essbar) für viele Vergiftungen mit tödlichem Ausgang verantwortlich ist.

Es stimmt also, dass es einen mit den Morcheln verwandten Frühjahrspilz gibt, der ein nicht hitzebeständiges Gift enthält, welches beim Genuss roher oder ungenügend gekochter Exemplare tödlich wirken kann. Ob man ihn mit den Morcheln verwechseln kann, ist freilich eine andere Frage. Als Mykologe muss ich es verneinen, doch wenn ich mich daran erinnere, dass ich mir vor Jahren einmal die Gunst eines

Ornithologen verscherzte, weil ich einen am Himmel kreisenden Mäusebussard vorlaut als Habicht bezeichnete, kommen mir Bedenken.

Die Binnensicht der Mykologen (und sicher auch der Ornithologen und einer ganzen Heerschar anderer Spezialisten) führt manchmal zu einer gewissen Ungeduld im Umgang mit Laien, die einfache Fragen stellen. Dem Laien fehlt – sonst wäre er kein Laie – der Blick für Strukturen, die dem Experten – sonst wäre er kein Experte – selbstverständlich sind. Also wird der Experte den gehirnartig gewundenen Hut der Frühlingslorchel nie mit dem wabenartig gekammerten Hut der Morchel verwechseln, der Laie möglicherweise schon.

In vielen Gegenden Deutschlands ist die Gefahr einer Verwechslung zwischen Frühlingslorchel und Morchelarten schon aus Standortsgründen gering. Die Lorchel wächst in Kiefernwäldern auf sauren, nährstoffarmen Böden und Parkanlagen mit Kiefern, gelegentlich auch am Rande von Holzlagerplätzen und Sägewerken, in Westeuropa auch in Laubwäldern. Die Morcheln ziehen frische, kalkhaltige Böden vor. Im voralpinen Landkreis Traunstein ist mir in 30 Jahren nur ein einziger Fund der Frühjahrslorchel bekannt geworden – pikanterweise auf einem Friedhof. Stattdessen findet man hier ab und zu die Riesenlorchel *(Gyromitra gigas)*, die, ebenso gefährlich wie die Frühjahrslorchel, als Rarität für den Kochtopf ohnehin tabu ist. Ganz anders sieht es in Nordbayern, Brandenburg oder Vorpommern aus, wo Lorcheln bisweilen in Mengen die sandigen Kiefernwälder bevölkern. Die meisten Lorchelvergiftungen mit tödlichem Ausgang werden Jahr für Jahr aus Osteuropa gemeldet. In der Pilzberatung würde ich vom Lorchelgenuss schon deshalb abraten, weil ich nicht wissen kann, ob meine Empfehlung – entweder gut trocknen oder mindestens 20 Minuten kochen und das Kochwasser wegschütten – auch beherzigt wird.

Bischofsmützen *(Gyromitra infula)* auf einer Sägemehldeponie. Im Gegensatz zu den bisher genannten Morcheln und Lorcheln wachsen sie nicht im Frühjahr, sondern im Spätherbst.

Gefährliche Mahlzeit?

Was mich selbst betrifft, so habe ich mein Leben allerdings einmal den Lorchel-Kochkünsten eines mir fremden Küchenchefs anvertraut. Im Frühjahr 1980 unternahm ich mit meiner Mutter eine Reise nach Südfrankreich, die uns u. a. in die Trüffelprovinz Périgord führte. In Clermont-Ferrand, der Stadt, über die sich Abend für Abend der konische Schatten des erloschenen Vulkans Puy-de-Dôme schiebt, aßen wir in einem feinen Restaurant zu Mittag. Der Jahreszeit entsprechend stand ein Morchelgericht auf der Speisekarte, für das wir uns beide entschieden. Der Ober nahm meine Bestellung auf und kehrte ein paar Minuten später mit einem Ausdruck des Bedauerns zurück. »Excusez-moi, Monsieur, nous n'avons plus de morilles, seulement des gyromitres...« Zu Deutsch: »Wir haben leider keine Morcheln mehr, mein Herr, nur (Frühlings)Lorcheln.«

Selten habe ich meine Fachkenntnisse so bedauert wie in diesem Augenblick! Als naiver Gourmet hätte ich das Wort »gyromitres« gar nicht verstanden und mich eines ungeschmälerten Pilzgenusses erfreuen können. Aber als Mykologe? Sollte ich dem Ober in meinem umständlichen Französisch eine Szene machen – so etwa in dem Stil: »Bleiben Sie mir mit dem Teufelszeug vom Leibe und schicken Sie mir den Geschäftsführer!«? Nein, das war und ist nicht meine Art.

Der Bittere Zwergknäueling *(Panellus stypticus)* bildet hübsche Rosetten auf altem Eichenholz (s. auch S. 9). Weniger schön ist der bittere, stark zusammenziehende Geschmack.

Ich kalkulierte, dass meine Mutter und ich nicht die ersten Gäste waren, die in diesem Lokal Lorcheln aßen. Außerdem weiß jeder, der schon einmal etwas vom japanischen Kugelfisch Fugu gehört hat, dass der wahre Feinschmecker bei manchen Delikatessen sein Leben vertrauensvoll in die Hände des Küchenchefs legen muss.

Die Lorcheln waren gut gekocht, das Gericht mundete ausgezeichnet, meine Mutter ist inzwischen 86 Jahre alt und bei guter Gesundheit. Es gab also keinerlei Neben- und Nachwirkungen – wohl aber eine Pointe:

Drei Tage später besuchten wir einen Mykologenfreund im westfranzösischen Angers und erzählten ihm von unserem Erlebnis in Clermont-Ferrand. Jean, unser Gastgeber, sah uns betroffen an, fragte noch einmal genau nach, wieviel Tage seit der Mahlzeit ins Land gegangen waren – und zeigte uns die neueste Ausgabe der Fachzeitschrift »Documents mycologiques«, in der Monsieur Azéma aus Perpignan ausführlich über die Gifte und die Gefährlichkeit der Frühjahrslorchel berichtet. Auf Seite 8 fand sich die ausführliche klinische Darstellung einer tödlichen Lorchelvergiftung – in Clermont-Ferrand...

Geschmacksfragen

Eine Bäuerin aus meiner Nachbarschaft schwärmt vom fischigen Duft des Brätlings *(Lactarius volemus)*, den andere verabscheuen. Sie schneidet den Pilz in der Mitte durch, so dass die weiße Milch aus dem Fleisch quillt, und legt die Hälften auf die heiße Herdplatte. Einmal kurz durchgebraten, ein wenig Salz darüber – und fertig ist der kulinarische Hochgenuss, der Erinnerungen an ihre Kindheit heraufbeschwört. Da der Brätling einer jener einst verbreiteten Pilze ist, die in den letzten 40 Jahren aufgrund der zunehmenden Luft- und Bodenverschmutzung zur Rarität wurden, gehört meine Nachbarin vielleicht zur letzten Generation, für die sein eigentümlicher Duft und Geschmack noch bekannte Größen sind. Mit dem stillen Artentod gehen Sinnesempfindungen und Erfahrenswerte dahin. Noch gibt es Menschen, denen aus der Jugend der Ruf des Gro-

Der Kiefern-Speitäubling *(Russula emetica* var. *sylvestris)* schmeckt brennend scharf und ist giftig. Man findet ihn in feuchten, bodensauren Wäldern.

Eine Gruppe von Pfeffermilchlingen *(Lactarius piperatus)* im Buchenwald. Der Pilz erscheint oft schon im Frühsommer und gilt, scharf durchgebraten, bei manchen Feinschmeckern als Delikatesse.

ßen Brachvogels in den Ohren klingt. Schon Grillengezirp ist selten geworden …

Herbe Gaumenreize, im wesentlichen hervorgerufen durch harzige Inhaltsstoffe, sind für die Milchlinge und die mit ihnen verwandten Täublinge typisch. Bei diesen beiden Gattungen – und nur bei ihnen – gehört die Geschmacksprobe im Gelände auch zum Bestimmungsalltag. Von mild und »nussig« bis zu brennend scharf reicht die Nuancenskala. Spei- und Zedernholztäubling *(Russula emetica* und *R. badia)* sowie der Rotbraune und der Pfeffer-Milchling *(Lactarius rufus* und *L. piperatus)*, um nur wenige Beispiele zu nennen, vermögen empfindsame Zungenspitzen halbstundenlang zu betäuben. Besonders tückisch sind jene Arten, bei denen sich die Schärfe mit einigen Sekunden oder sogar ein, zwei Minuten Verzögerung bemerkbar macht, denn da hat man in der Rastlosigkeit unserer Zeit oft schon ein zweites, größeres Stück in den Mund genommen. Egal ob mild oder scharf, hinunterschlucken sollte man die kleinen Probebissen keinesfalls: Grüne Täublinge verschiedener Artzugehörigkeit und Grüne Knollenblätterpilze schmecken beide mild und wurden, vor allem im jungen Zustand, gelegentlich schon verwechselt.

Während Wohlgeschmack nicht vor tödlichem Gift schützt – die wenigen echten Killer unter unseren Pilzen munden, wie man von leidvoll Betroffenen weiß, fast alle ganz passabel bis vorzüglich –, haben die starken Bitterstoffe des hochtoxischen Grünblättrigen Schwefelkopfs *(Hypholoma fasciculare)* gewiss schon manche Pilzvergiftung verhindert, wächst er doch mitunter an den gleichen Laubholzstümpfen wie das begehrte Stockschwämmchen *(Pholiota mutabilis*, s. S. 76 und 103). Auch den Sparrigen Schüppling *(Pholiota squarrosa*, s. S. 131), Doppelgänger des – gut gekocht – essbaren Hallimaschs *(Armillaria mellea* s. l.), kennzeichnet seine Bitterkeit, und wer sich nicht sicher ist, ob er einen Gallenröhrling *(Tylopilus felleus)* oder einen Steinpilz *(Boletus edulis)* vor sich hat, tut ebenfalls gut daran, mit einer Geschmacksprobe am ungekochten Objekt dem Waterloo einer ungenießbaren Mahlzeit vorzubeugen.

Da jedoch keine Regel ohne Ausnahme ist, sei an dieser Stelle erwähnt, dass seit über anderthalb Jahrhunderten ein »Milder Gallenröhrling« *(Boletus alutarius)* durch die Fachliteratur geistert, dass ich binnen dreier Jahre dreimal auf entsprechende Funde in

Der Grünblättrige Schwefelkopf *(Hypholoma fasciculare)*: Wären alle Giftpilze so bitter wie er, gäbe es weniger Vergiftungen. Doch die meisten lebensgefährlichen Arten schmecken ganz vorzüglich.

Ein schon etwas älterer Fichtensteinpilz *(Boletus edulis)*. Die Röhren haben sich bereits olivgrün verfärbt. Den Finder erwartet ein kulinarischer Hochgenuss – es sei denn, die Insektenlarven haben das Prachtexemplar bereits vor ihm entdeckt!

Ein Birkenpilz *(Leccinum scabrum)* im Gras. Die Wissenschaft unterscheidet inzwischen etwa 20 verschiedene Birkenpilze – was dem Speisepilzsammler gleichgültig sein kann, denn sie sind allesamt essbar.

meinem eigenen Sammelgebiet hingewiesen wurde und in einem dieser Fälle die unglaublich scheinende »Milde« sogar selber prüfen konnte. Es liegt also nicht daran, dass manche Menschen Bitterstoffe einfach nicht schmecken können. Die Wissenschaft hat das Phänomen dieser milden Gallenröhrlinge bisher nicht zufriedenstellend lösen können: Sind es Standortsvarianten, Mutanten, umweltbedingte Abweichungen? Oder haben gar jene Mykologen aus dem 19. Jahrhundert Recht, die darin eine eigene Art sahen? Wenn Ihre Gallenröhrlinge mild schmecken, informieren Sie Ihren Pilzberater! Vielleicht nimmt er sich des Falles an.

Verwirrungen können im Übrigen auch dadurch entstehen, dass bei manchen Pilzen nur bestimmte Teile des Fruchtkörpers bitter sind. Wer vom Fleisch des Buchen-Klumpfußes *(Cortinarius anserinus)* nascht, hält den Pilz für mild, wer ein Stückchen Huthaut erwischt, spuckt es wegen seiner Bitterkeit gleich wieder aus. Geschmacksnuancen wollen – wie Geruchsvarianten – erkannt sein, und es gehört zu den Aufgaben der Bestimmungsbücher, dabei Hilfestellung zu leisten. Jedesmal wieder verblüffend ist das in seiner Art sehr seltene »kühlende« Gefühl, das sich der Zungenspitze bemächtigt, wenn man aufmerksam ein Lamellenfragment von *Russula albonigra* zwischen den Schneidezähnen zerkleinert. Der deutsche Name dieses nicht allzu häufigen Pilzes, der einige äußerlich sehr ähnliche und weit verbreitete – aber eben anders schmeckende – Verwandte hat, lautet bezeichnenderweise »Menthol-Schwärztäubling«. Ähnlich selten wie die Mentholkomponente ist reine Süße im Geschmackskaleidoskop der Großpilze – und die Abgestutzte Keule *(Clavariadelphus truncatus,* s. S. 103), die sich dieses Merkmals rühmen kann, bedarf seiner eigentlich gar nicht, denn sie ist auch sonst unverwechselbar. Freilich findet man sie nicht überall, sondern fast nur in den Wäldern der Mittelgebirge und der Alpen über kalkhaltigen Böden.

Nördlich der Alpen ist der Wärme liebende Bronzeröhrling *(Boletus aereus)* selten und sollte geschont werden – im Mittelmeerraum zählt er zu den begehrtesten Speise- und Marktpilzen. Rechts ein kleiner Stäubling *(Lycoperdon).*

Gaumenfreuden

Wer im Pilzgeschmack indessen nur das prosaisch-nüchterne Bestimmungsmerkmal sieht – und es gibt tatsächlich Mykologen, die Pilze einzig und allein aus diesem Grund in den Mund nehmen –, beraubt sich einer anderen, älteren, um ein Vielfaches verbreiteteren Erfahrung, ohne die die Pilze ein noch viel einsameres Mauerblümchendasein im menschlichen Bewusstsein führen würden als ohnehin schon, vergleichbar vielleicht mit jenem der nah verwandten Flechten. Obwohl ich es niemandem übel nehme, wenn er schlichtweg keine Pilze mag, lehne ich asketische Genussverweigerung unter dem Deckmäntelchen der reinen Lehre ab. Gelegentliche Schwelgerei

Das Stockschwämmchen *(Pholiota mutabilis)*: Charakteristisch sind die gezonten Hüte – die Mitte blasst vorzeitig aus –, der von den Sporen braun bestäubte Ring und die flockige untere Stielhälfte.

Obwohl der Hallimasch *(Armillaria mellea* s. l.) roh giftig ist und auch gekocht nicht von jedermann vertragen wird, schwärmen viele Pilzfreunde von seinem Wohlgeschmack. Besonders gut eignet er sich als Beilage zu Wildpret.

Die Abgestutzte Keule *(Clavariadelphus truncatus)* ist eine Art der Buchen-Tannenwälder im Gebirge. Ihr süßlicher Geschmack ist ungewöhnlich. Wegen ihrer Seltenheit sollte die Art jedoch nicht gesammelt werden.

und Schwärmerei, ein lustvolles Schmausen an barocker Tafel, kann und darf Lohn für einen stundenlangen Marsch durch regennasse Wälder und Auen sein. Es dürfen manchmal Kerzen auf dem Tisch stehen, desgleichen eine gut gekühlte Flasche Wein und das Sonntagsgeschirr.

Es ist auch die Vorfreude erlaubt: Schon im Winter gestatte ich mir manchmal einen vorwegnehmenden Gedanken an das für Ende April zu erhoffende Morchelgericht mit fein gedünsteten

Beim Anblick einer so großen Schar von Parasols *(Macrolepiota procera)* schlägt das Herz des Pilzfreunds höher. Paniert in der Pfanne gebraten sind Riesenschirmpilze eine Delikatesse.

Salzkartoffeln, an einen guten Teller Mairitterlinge *(Calocybe gambosa)* mit Reis oder an die panierten Hüte von Riesenschirmpilzen *(Macrolepiota procera)* im Herbst. Über den Winter helfen in Öl, Essig und Wein eingelegte blanchierte Violette Rötelritterlinge *(Lepista nuda)* oder Gesellige Raslinge *(Lyophyllum decastes)* – letztere nach meinem subjektiven Empfinden eine kulinarisch gröblich unterschätzte Delikatesse ersten Ranges.

Doch während einem beim Schildern dieser Gaumenschmeichler das Wasser im Munde zusammenläuft, verzweifelt man an

dem Versuch, die geschmacklichen Erlebnisse auch sprachlich zu bewältigen. Anders als im Reich der Düfte, wo sich fast immer ein – mehr oder weniger – passender Vergleich finden lässt, ist es fast unmöglich, den Wohlgeschmack einer Pilzart im nach allen Regeln der Kochkunst präparierten, gabelfertigen Zustand zu beschreiben. Versucht haben es vor allem die Trüffel-Gourmets, die jedoch angesichts der Preise, die sie für ihre Mahlzeiten zahlen müssen, unter einem gewissen Zugzwang stehen. Vielen dieser Schilderungen haftet daher etwas Unbeholfenes, bisweilen sogar unfreiwillig Komisches an – etwa wenn es in einem französischen Text heißt, von der Trüffel zu kosten sei einer »der großen Augenblicke des menschlichen Bewusstseins.« Im Grunde ist es alles ganz einfach: Trüffeln schmecken nach Trüffeln und Morcheln nach Morcheln. Das Genuss-Erlebnis ist gnadenlos individuell!

Vor allem im Herbst und Spätherbst wächst der Violette Rötelritterling *(Lepista nuda)* scharenweise in der Laub- und Nadelstreu. Sein strenges Aroma sagt nicht jedermann zu – doch wer ihn mag, kann sich oft über reiche Ernten freuen.

Mykotop Tanne: ein Baum und seine Pilze

Foto S. 106/107:
Ein Tannen-Feuerschwamm *(Phellinus hartigii)* auf einem bemoosten Tannenstamm. Der holzig-harte Fruchtkörper ist mehrere Jahre alt.

Auch der Rotrandige Schichtporling *(Fomitopsis pinicola)* kommt an Tannen vor. Damit die Porenschicht wieder nach unten zeigt, wächst der Pilz an gefallenen Stämmen mit geänderter Wuchsrichtung weiter (kleines Bild). Der Mykologe bezeichnet dieses Phänomen als »Geotropismus«.

Beziehungs-Geflecht

Die Tanne gehört in den Alpen zu unseren wichtigsten Waldbäumen. Große Bestände finden sich auch in den Mittelgebirgen wie dem Schwarzwald und dem Bayerischen Wald. Tannen-Buchenwälder prägen vielerorts die Abhänge der großen Flusstäler des Voralpenlands, auch wenn es um die Gesundheit der Tanne nicht mehr gut bestellt ist: Gerade bei alten Bäumen zeigt ein Fernglasblick nach oben oft lückige Kronen mit Hexenbesenbildung, Astdürre und nur mehr spärlicher Benadelung. Auch Pilze stellen sich ein, und wenn sie deutlich als solche erkennbar sind, dann kann es schon vorkommen, dass ein besorgter Forstmann oder ein betroffener Waldbesitzer in ihnen die »Schuldigen« am beklagenswerten Zustand der Tannen in seinem Revier vermutet.

Das hieße freilich den Schnupfen für die Ursache der Erkältung halten. Pilze an geschwächten oder absterbenden Bäumen sind so

Der Lachsreizker *(Lactarius salmonicolor)* ist ein Symbiosepartner der Tanne. Unter Kiefern und Fichten wachsen ähnliche Arten. Die rotmilchenden Reizker sind beliebte Bratpilze.

gut wie immer die Folge von andersartigen Vorschädigungen. Entweder stimmen die Boden- und Grundwasserverhältnisse nicht, oder der Primärschaden erfolgte durch Luftschadstoffe. In einem gesunden Forst wird man größere Pilze an lebenden Stämmen kaum finden, es sei denn, mechanische Schäden durch Blitzschlag oder schweres Gerät, das bei der Holzarbeit die Rinde aufschrammt, haben »Einfallschleusen« für die Sporen geschaffen: Kleine Wunden können, wie wir aus der Humanmedizin wissen, schlimme Folgen zeitigen, wenn sie nicht rechtzeitig desinfiziert werden. Dem Pilz signalisiert die Blitzscharte am Baum: krankes, ungeschütztes Holz. Das ist seine Nahrung und seine Bestimmung, denn im Naturkreislauf fällt ihm die Aufgabe zu, krankes oder totes Holz in seine Bestandteile zu zerlegen und aufzuzehren.

Das natürliche Leben der Tanne, das 200–300 Jahre währen kann,

Nicht nur, aber auch bei Tannen findet man den Maronenröhrling *(Xerocomus badius)*. In Gebieten mit hoher radioaktiver Belastung durch den Tschernobyl-Fallout sollte man sicherheitshalber nicht zu große Mengen verzehren und vor dem Genuss die Huthaut abschälen.

ist ein Leben für die Pilze und mit ihnen. Schon der junge Baum kann mit dem Geflecht verschiedener Pilze jene komplizierte Lebensgemeinschaft eingehen, die als »Mykorrhiza« oder »Wurzel-Pilz-Verbindung« bezeichnet wird. In einem genau aufeinander abgestimmten Geben und Nehmen versorgt der Pilz den Baum mit Wasser und Nährstoffen und erhält im Gegenzug Zucker. Zu den Mykorrhizapartnern der Tanne gehören der Lachsreizker *(Lactarius salmonicolor)*, den wir schon im Kapitel über Farben und Verfärbungen erwähnt haben; der Graublasse Milchling *(Lactarius albocarneus)*, von dessen Hutoberfläche eine dicke, klebrige Schleimschicht abtropft; der Hohlfußtäubling *(Russula cavipes)*, eine prächtige, blauhütige Art; des weiteren der Bunte Klumpfuß *(Cortinarius dibaphus*, s. S. 23) und viele Arten, die auch mit anderen Bäumen Partnerschaften eingehen können.

Die Lebensgemeinschaft kann Jahrzehnte, ja vermutlich Jahrhunderte alt werden. In meinem »Hauswald«, einem nur ein paar hundert Quadratmeter großen Buchen-Hangwald, beobachte ich seit 35 Jahren den Rötenden Ritterling *(Tricholoma orirubens)*. Schon manchmal habe ich den seltenen Pilz auf die imaginäre Liste der in meinem Gebiet ausgestorbenen Arten gesetzt – nur um dann festzustellen, dass er nach mehreren Jahren Pause doch wieder an der gleichen Stelle erscheint.

Eine gesunde Mykorrhiza gehört zu einem gesunden Wald – sie ist wahrscheinlich sogar die Voraussetzung dafür.

Zu den Besonderheiten der Bergnadelwälder in Kalkgebieten zählt der Orangeritterling *(Tricholoma aurantium)*. Der attraktive Pilz sollte unbedingt geschont werden, denn seine Bestände sind in jüngster Zeit stark zurückgegangen.

»*Job-Sharing*« *im Geäst*

Doch kehren wir zurück zur Tanne. Für alle »Abfallprodukte«, die im Laufe ihres langen Baumlebens entstehen, schwirren die Sporen spezialisierter Pilze durch die Luft oder lauern bereits im Boden. Millimeterkleine Wollbecherlinge *(Lachnellula)* – leuchtend orangefarbene Kelche mit weißwolliger Außenseite – besiedeln dürre Zweige, die ein Frühjahrssturm aus dem Geäst gefegt hat. Der Tübinger Mykologe und Pilzmaler Hans-Otto Baral hat die Ästhetik dieser Kleinodien, die man sogar an milden Wintertagen beobachten kann, mit dem Auge des Künstlers und Wissenschaftlers festgehalten. Oft begleiten die kleinen Kelche münzförmige, bisweilen zu größeren, unregelmäßigen Flächen zusammenfließende Flecken von ähnlicher Farbe – die Tannen-Mehlscheibe *(Aleurodiscus amorphus)*. Selbst die abgefallenen Schuppen der Tannenzapfen besiedelt ein kleiner brauner Becherling *(Ciboria rufofusca)*. Man findet ihn im April, wenn man vorsichtig mit den Fingern durch die Nadelstreu unter einem alten Zapfenbaum fährt. Die plötzliche Lichtzufuhr bringt die Schläuche zur Entla-

Die Krause Glucke *(Sparassis crispa)* kann mehrere Kilogramm schwer werden. Sie »gluckt« am Stammgrund alter Kiefern. Ihre Schwester, die Tannenglucke *(Sparassis spathulata,* rechtes Bild), wächst vorrangig an alten Tannen und hat breitere, weniger stark gekräuselte Lappen.

dung: Eine kleine, helle Sporenwolke entweicht und verrät den reifen Becher auf seiner Zapfenschuppe!

Sehen wir uns schließlich eine durch Wind und Wetter zerzauste Tanne an, die sich ihrer natürlichen Altersgrenze nähert oder vielleicht sogar schon einen Blitzschlag hat hinnehmen müssen. Am Stamm sitzen beinharte Konsolen des Tannen-Feuerschwamms *(Phellinus hartigii,* s. S. 106). Gern baut der Specht seine Bruthöhle unterhalb der klobigen Pilzfruchtkörper, die das Holz aufweichen und das Einflugloch vor Regen schützen – eine noch längst nicht in all ihren Einzelheiten erforschte symbiotische Arbeitsteilung zwischen Pilz und Vogel.

Am Fuß des Baumes hat sich auf einer bereits abgestorbenen Wurzel eine Tannenglucke *(Sparassis spathulata)* entwickelt; sie kann mehrere Kilogramm schwer werden und ist verwandt mit der bekannten und beliebten Krausen Glucke *(Sparassis crispa),* die aber nur an Kiefern vorkommt. Noch größer und schwerer wird der Bergporling *(Bondarzewia mesenterica),* der alte Tannen in montanen Lagen befällt. In der lückigen Krone des alten Baumes sind die toten und geschwächten Äste von Flechten besiedelt; auf ihrer Unterseite aber gedeiht die Blutrote Borstenscheibe *(Hymenochaete cruenta),* die man mit einem guten Fernglas schon vom Boden aus sehen kann.

Die Blutrote Borstenscheibe *(Hymenochaete cruenta)* findet man am ehesten nach Stürmen, wenn tote Äste aus dem Wipfelbereich der Tannen abgebrochen und zu Boden gefallen sind. Unter der Lupe erkennt man, dass die Oberfläche dicht mit dunkelbraunen Borsten besetzt ist.

Vom Unsinn des Aufräumens

Ein anderer Tannenpilz veranlasste mich einmal zu einer Probe aufs Exempel. Es ging um die Frage, inwieweit es möglich ist, seltene Pilze unmittelbar an ihrem Standort zu schützen.

Bei einer pilzkundlichen Wanderung im Herbst 1994 wurde eine Tanne entdeckt, die in etwa 4 m Höhe, knapp über einem Prachtexemplar des Tannen-Feuerschwamms, abgebrochen war. Der größte Teil des Stamms samt der Krone lag daneben auf dem Waldboden, die Äste waren weitgehend entnadelt und übersät mit Hunderten von glockenförmigen Fruchtkörpern des Tannen-Fingerhuts *(Cyphella digitalis)*, einer Art, die auf der damals gerade erschienenen Roten Liste der gefährdeten Großpilzarten als »vom Aussterben bedroht« eingestuft wurde.

Es ging um nichts weiter, als den liegenden Stamm liegen zu lassen, um dem seltenen Gewächs vielleicht noch ein oder zwei zusätzliche Vegetationsperioden zu bescheren... ein harmloses Anliegen, sollte man meinen. Doch weit gefehlt! Obwohl sich sogar der zuständige Förster für die Erhaltung des auf natürliche Weise entstandenen Kleinbiotops einsetzte, räumte der Waldbesitzer den Stamm nach kurzer Zeit fort und stutzte das noch stehende Stück auf Stumpfhöhe. Begründung: Ein gefallener Stamm sehe so »grausig« aus, und was sollten denn die Grundstücksnachbarn denken... Und überhaupt: »Was bringt das, das Schwammerl?«

Es lässt sich nicht abstreiten: Die strenge Ordnungsliebe von Wald-

Beide Fotos zeigen dasselbe Exemplar des Dunklen Lackporlings *(Ganoderma carnosum)*, einem selteneren Tannenholzbewohner. Links ist der frische Fruchtkörper mit der typischen, wie lackiert glänzenden Kruste zu sehen. Einige Tage später lagerten Luftströmungen die ausfallenden braunen Sporen auf den umgebenden Blättern und der Hutoberfläche ab. Wischt man den Sporenstaub ab, erscheint die Kruste in altem Glanz.

besitzern, Förstern, Landwirten und Privatgärtnern hat mehr Biotope zerstört, als durch die Ausweisung von Naturschutzgebieten und Naturdenkmalen je erhalten oder neu errichtet werden können. Mühsam versuchen staatliche Stellen und die Umweltverbände über Randstreifenprogramme, Stilllegungsprämien, Biotoppflegepläne und ähnliche Maßnahmen Vernetzungsstrukturen zu schaffen, die sich mit ein wenig Geduld, etwas mehr Gelassenheit und oft schlichtweg dadurch, dass man die Natur hie und da sich selber überlässt, ganz von allein herausbilden würden. Kreatives Nichtstun wäre in vielen Fällen die beste Lösung. Doch solange dem nachdenklichen Waldbauern das Stigma der »Schlamperei« anhaften wird, weil er hier einen »Spechtbaum« stehen und dort einen »Pilzstamm« liegen lässt, wird sich wohl nichts Grundlegendes ändern.

Täuschen wir uns nicht: Wer mit dem Argument »Was bringt denn das Schwammerl?« seltenen Arten das Lebensrecht abspricht, denkt ein wenig schlicht. Mit dieser Einstellung hätte Alexander Fleming einst die erste Petrischale mit der Kultur des damals völlig unbekannten Schimmelpilzes *Penicillium notatum* gar nicht erst angesetzt – und das Antibiotikum Penizillin, das seither Millionen Menschen das Leben gerettet hat, wäre von jemand anderem oder überhaupt noch nicht entdeckt worden. Kein Mensch kann so vermessen sein, den Tannen-Fingerhut für »nutzlos« zu erklären, nur weil bisher keine sich in Heller und Pfennig auszahlenden Anwendungen bekannt geworden sind. Artenschutz ist kein Hobby weltvergessener Wissenschaftler, sondern verantwortungsvolles Handeln in unserem eigenen Interesse und dem der nachfolgenden Generationen.

Dem Tannen-Fingerhut geht es übrigens doch nicht so schlecht, wie man aufgrund der wenigen Fundberichte meinen könnte. Er hat an abgestorbenen Kronästen in luftiger Höhe eine ökologische Nische gefunden. Von der fast unzugänglichen Welt der »Aerophyten« erfährt der Mykologe meist nur, wenn er nach schweren Stürmen draußen im Wald die abgebrochenen Wipfel untersucht – ein waghalsiges Vorhaben im Chaos der gestürzten Stämme und Äste, bei dem höchste Vorsicht geboten ist.

Schützt die Stachelbärte!

Wenn ein Pilz einer jungen Dame von vierzehn Jahren ein anerkennendes »Echt cool, das Teil« entlockt, dann muss er schon etwas Besonderes sein. Der dergestalt Gelobte war ein kopfgroßes semmelgelbes Gebilde, das in 5 Meter Höhe aus der Stammwunde einer uralten, frei stehenden Tanne bei Kössen in Tirol hervorwuchs. 10 Minuten später deutete meine Tochter, von ungewohnter pilzkundlicher Entdeckerfreude ergriffen, auf einen liegenden Stamm am Rande einer Bachschlucht. Wir zählten nicht weniger als 13 Fruchtkörper – die größten an der im Schatten gelegenen Schnittfläche, die kleinsten, vielleicht faustgroß, auf der der Sonne zugewandten Seite.

Der Tannen-Stachelbart – so der Name dieses eigenartigen Pilzes – setzt sich aus zahlreichen Ästen zusammen, an deren Unterseite zu Hunderten 2–5 cm lange Stacheln sitzen. Doch keine Angst, sie stechen nicht! Sie sind wachsartig-brüchig, bei Feuchtigkeit auch ein wenig elastisch, und fährt man vorsichtig mit dem Handrücken darüber, so kitzelt es allenfalls ein wenig.

Ja, man kann den Tannen-Stachelbart essen, und er schmeckt sogar recht delikat – doch hier stocke ich schon: Zwischen »Essen können« und »Essen dürfen« haben die Wissenschaftler die »Roten Listen« gesetzt, und auf denen ist *Hericium flagellum* in Deutschland als »gefährdet« und in Österreich als »potenziell gefährdet« eingestuft. Gewiss schadet es dem Bestand nicht, wenn wir von den 13 Exemplaren auf dem Kössener Tannenstamm eines abpflücken und mit Ei und Butter zu einem kleinen Omelette verarbeiten, aber es muss ja nicht sein.

Und selbst wenn Sie glauben, dass Ihr Leben ohne den regelmäßigen Genuss von Stachelbärten trist und freudlos wird, gibt es eine Lösung: Züchten Sie sich Ihre Stachelbärte selber! Sie wohnen in der Lüneburger Heide und haben kein Tannenholz? Sein Bruder, der Ästige Stachelbart

Der Zitterzahn *(Pseudohydnum gelatinosum)* kommt nicht nur an Tannen-, sondern auch an Kiefern- und Fichtenstümpfen vor. Seine geleeartige Beschaffenheit und die weichen Stoppeln auf der Unterseite machen ihn unverwechselbar.

(Hericium coralloides), weniger kompakt und von filigranerer Eleganz – gedeiht an Buchenholz, doch gibt es inzwischen Kulturformen, mit deren Myzel man Stammstücke verschiedener Laubbäume beimpfen kann. Es durchwächst das Substrat und bildet nach einigen Monaten schöne Fruchtkörper. Die chinesische Volksmedizin schreibt den Stachelbärten heilkräftige Wirkungen zu, die von der modernen Inhaltsstoffforschung zumindest in Teilen bestätigt werden. So wird zum Beispiel der Tannen-Stachelbart als Mittel gegen Magengeschwüre empfohlen.

Fragile Eleganz, bemerkenswerte Statik, Drolerie der Natur – ein Stachelbart *(Hericium flagellum)* im dunklen Tann.

Den Ästigen Stachelbart findet man in freier Wildbahn fast nur noch in Naturwaldreservaten, wo alte Buchen in feuchten Lagen eines natürlichen Todes sterben und gefallene Stämme nicht abtransportiert werden. Solche Reservate – ich denke z. B. an die herrlichen Buchenwälder im thüringischen Nationalpark Hainich – sind ein Paradies für Mykologen und solche, die es werden wollen, aber nicht nur für sie. Die Holz bewohnenden Pilze sind hier in ihrem Element und nehmen jene Aufgaben wahr, die ihnen von der Natur ureigentlich zugewiesen worden sind: Sie vereinen sich zum größten und genialsten Recycling-Unternehmen, das es je gab! In einer Kette hochkomplizierter biochemischer Zersetzungsprozesse wandeln sie tote organische Materie in Nährstoffe für künftige Tier- und Pflanzengenerationen um. Und da sich auf jede Phase der Holzzersetzung bestimmte Pilzarten spezialisiert haben, fehlt jenen Arten, denen die Aufgabe zufällt, schon sehr altes Totholz zu zerlegen, im normalen Nutzwald die Lebensgrundlage. Bevor sie ihre Arbeit beginnen können, wurde ihre »Nahrung« bereits entsorgt …

Foto S. 118/119: Nach warmen Sommerregen schießen sie aus dem Boden – und aus altem Holz: Glimmertintlinge *(Coprinus micaceus)*. Schon nach wenigen Tagen schwindet die vergängliche Pracht dahin.

Feentänze auf dem Zierrasen – wilde Pilze in Gärten und Parks

Die Kreise des Nelkenschwindlings

Zeige mir deinen Garten, und ich sage dir, wer du bist! Es gibt die mit einer kleinen Rosenrabatte eingefasste kurz geschorene Rasenfläche vor dem Reihenhaus, auf der gerade noch Platz ist für einen Pfahl mit Vogelhäuschen; den streng gejäteten Nutzgarten mit militärisch exakt ausgerichteten Erdbeer- und Salatreihen; den weitläufigen, parkartigen Villengarten mit seinen prächtigen alten Blutbuchen, den kitschigen Gartenzwerg-Garten und den liebevoll gehegten und gepflegten bäuerlichen Hausgarten, in dem es die ganze Vegetationsperiode über blüht und fruchtet – und darüber hinaus nahezu alle denkbaren Kombinationen und Zwischenformen, die im Grunde nur eines gemeinsam haben: Es sind Pilzstandorte.

Nun gibt es Gartenfreunde, denen der Pilz im Frühbeet ein Dorn im Auge ist, und einige von ihnen kommen tatsächlich zum Pilzberater und erkundigen sich, wie sie die ungebetenen Gäste loswerden können. Propheten einer knallharten Im-Garten-herrscht-Ordnung-Ideologie, die der harmlose Hexenring von Nelkenschwindlingen *(Marasmius oreades)* auf dem Rasen neben der Wäschespinne zur Giftspritze greifen lässt, gebe ich zunächst unmissverständlich zu verstehen, dass ich für diese Art von Pilzvergiftungen nicht zuständig bin, ehe ich – meist vergeblich – versuche, ihnen zu erklären, dass zu einem natürlichen Garten auch natürliche Pilze gehören. Doch von diesen Zeitgenossen soll hier eigentlich nicht die Rede sein, sondern – zunächst einmal – vom Nelkenschwindling.

Er ist – mit dem Heuschnittpilz, von dem noch die Rede sein wird – vielleicht der häufigste und verbreitetste Wiesen- und Rasenpilz. Keine Grünfläche ist ihm zu klein. Einige wenige Quadratmeter Gras um ein Verkehrsschild oder einen Alleebaum herum genügen ihm, ja selbst auf den Grünstreifen der Autobahnen hat er sich schon angesiedelt. Er kommt auf Spielwiesen und Bolzplätzen in jeder Großstadt vor. Ich fand ihn im von Salzwassergischt übersprühten Trittrasen gleich neben dem Segelhafen von Helgoland ebenso wie auf Almen im Gebirge. Meist bildet der Nelkenschwindling Hexenringe, das heißt, seine Fruchtkörper wachsen in Kreisen oder Halbkreisen. Auch seinen wissenschaftlichen Namen verdankt er dieser Eigenschaft: James Bolton (1750–1799) aus Halifax, Verfasser eines der ersten farbig bebilderten Pilzbücher, nannte ihn nach den Oreaden, den Reigen tanzenden Bergnymphen der griechischen Mythologie. Und als Schwindling »schwindet« er bei trockener Witterung, das heißt, er schrumpft ein, um beim nächsten Regenguss wieder aufzuleben.

Wer den Nelkenschwindling im eigenen ungespritzten Garten hat, kann ihn in Maßen essen – er ist ein wohlschmeckender Suppenpilz. An innerstädtischen Standorten sprechen dagegen hygienische Gründe gegen den Verzehr, denn nicht selten sind die raren Grasstreifen auch begehrte Hundetoiletten. Vom Verzehr größerer Mengen unzureichend gekochter Nelkenschwindlinge ist allemal abzuraten, da die Art Spuren von Blausäure enthält. Gefahren drohen leichtsinnigen Pilzfreunden auch durch weiße bis trüb ockerfarbene Trichterlinge, die an ähnlichen Stellen vorkommen können und sehr giftig sind.

Die eine Hälfte des Hexenrings: Ledergelbe Riesentrichterlinge *(Clitocybe geotropa)*, auch Mönchsköpfe genannt, im Nadelwald. Jung sind sie wohlschmeckende Speisepilze.

Erlebniswelt Garten

Meine ersten Pilzerlebnisse, an die ich mich erinnern kann, stammen aus einem Garten. Ich muss so um die 6 oder 7 Jahre alt gewesen sein. Wir lebten damals im ostwestfälischen Gütersloh. Unser Garten wurde durch eine Hainbuchenhecke vom Nachbargrundstück getrennt, und unter dieser Hecke wuchsen Jahr für Jahr mittelgroße trichterförmige Pilze mit kurzen, derben Stielen, die meine pilzkundige Großmutter als Kahle Kremplinge *(Paxillus involutus)* identifizierte. Gut durchgebraten, galten sie damals als begehrte Speisepilze – während es heute Pflicht eines jeden Pilzkenners ist, vor dem Kremplingsgenuss dringend zu warnen (s. S. 150). Am Weg zum Komposthaufen quollen zwei- oder dreimal im Jahr massive Büschel von Faltentintlingen *(Coprinus atramentarius)* hervor, die Großmutter regelmäßig erntete und aß – nie ohne den Hinweis, dass alkoholische Getränke bei der Mahlzeit tabu waren, zogen sie doch in Verbindung mit einem Faltentintling-Inhaltsstoff unangenehme körperliche Folgen von der Übelkeit bis zum Herzrasen nach sich. Bei den schlanken weißen Schopftintlingen *(C. comatus)*, aus denen die Oma eine schmackhafte Suppe zu kochen wusste, erübrigten sich solche Vorsichtsmaßnahmen. Die Artenkenntnis der Botaniker-Tochter hatte der Familie die

Der Faltentintling *(Coprinus atramentarius)* ist ein Kulturfolger. Wiesen, Straßen- und Wegränder, gedüngte Böden, Gärten und Parks sind sein Revier.

Hungerjahre der Nachkriegszeit überstehen helfen – einer Zeit, in der die Not auch viele Menschen ohne Kenntnisse in die Wälder und auf die Felder trieb und Pilzvergiftungen, oft mit tragischem Ausgang, epidemische Ausmaße annahmen.

In der Praxis des Pilzberaters sind Gartenpilze oft überrepräsentiert. Nie werde ich den Sonntagmorgen vergessen, als mich ein sichtlich unter Schockwirkung stehender Vater vom Frühstückstisch holte, um mir eine Tasse mit einem halb zerquetschten und teilweise eingespeichelten Heuschnittpilz *(Panaeolus foenisecii)* zu zeigen: Die waren bei ihm im Garten plötzlich im Rasen gestanden, und der anderthalbjährige Stammhalter hatte sie sich in einem unbeobachteten Moment

Zwei Schopftintlinge *(Coprinus comatus)* in verschiedenen Entwicklungsstadien. Auf dem Bild unten hat die Selbstauflösung der reifen Lamellen (Autolyse) gerade begonnen, auf dem Bild rechts ist sie bereits weit fortgeschritten.

Die üppige Gartenform des Rötenden Schirmpilzes *(Macrolepiota rachodes* var. *bohemica).* Vor ihrem Genuss muss gewarnt werden, weil an ähnlichen Standorten auch der seltene Gift-Riesenschirmling *(M. venenata)* auftreten kann.

gegrabscht und in den Mund gestopft. Nachdem ich den Pilz an seinen dunkelbraunen, gefleckten Lamellen erkannt hatte, konnte ich den Vater beruhigen: Außer einer nicht sicher nachgewiesenen, auf jeden Fall aber sehr schwach halluzinogenen Komponente ist von diesem Pilz, der in frisch gemähten Rasenflächen wächst, nichts Böses bekannt. Der Mann bestand darauf, dass ich mir auch noch den »Tatort« – einen Reihenhaus-Vorgarten – ansah, und war am Ende so erleichtert, dass er mir sogar versprach, die kleinen braunen Pilzchen mit den glockigen Hüten stehen zu lassen.

Sehr oft entdecken Gartler in ihren Revieren größere, rein weiße Lamellenpilze und fragen, ob es sich vielleicht um Champignons (= Egerlinge) oder gar um Knollenblätterpilze handele. Die Antwort ist nicht immer einfach, denn in diesen Fällen geht es um stattliche Egerlingsschirmpilze aus der Gattung *Leucoagaricus*, die sich sowohl im Salatbeet einnisten können als auch in im Freien stehenden Blumentöpfen. Am häufigsten ist der Rosablättrige Egerlingsschirmpilz *(L. leucotithes)*, doch treten auch seltenere Vertreter der Gattung an solchen »Kulturstandorten« auf; sie lassen sich oft nur mit Hilfe der Fachliteratur genau bestimmen. In Beeten, die mit Mist und Stroh gedüngt wer-

den, ist – neben verschiedenen Champignonarten – der ockerbraune, faustgroße Blasenbecherling *(Peziza vesiculosa)* ein häufiger Gast, und in vielen Gärten zwischen Hamburg und Berlin hat sich die Himbeerrote Hundsrute *(Mutinus ravenelii)* angesiedelt, ein Exot aus der Stinkmorchel-Verwandtschaft, der den Sprung über den Gartenzaun in den deutschen Wald noch nicht geschafft hat.

Pilzoasen in der Stadt

Die Bedeutung der Gärten und Parks für den Mykologen hat sich in den vergangenen 30 Jahren grundlegend gewandelt. Mit der Zerstörung vieler herkömmlicher Pilz-Lebensräume wurden diese vormals wenig beachteten und unterschätzten Biotope zu Rückzugsgebieten für Arten, die

Wo in Parkanlagen noch alte Buchen stehen, stellt sich manchmal der Buchen-Ringrübling *(Oudemansiella mucida)* ein. Die leuchtend weißen Pilze mit ihren schleimigen Hüten bilden oft große Büschel in mehreren Metern Höhe.

aus den unterschiedlichsten Gründen im Wald, auf Feldern und Wiesen seltener geworden oder sogar verschwunden waren. Viele Röhrlinge zum Beispiel, die langjährige Mykorrhizabindungen mit älteren und alten Laubbäumen eingehen, haben in städtischen Parkanlagen ein Refugium gefunden, weil dort alte Eichen und Buchen a) noch vorkommen und b) nicht an stickstoffgetränkten Waldrändern neben Maisäckern dahinvegetieren müssen. Auf kleinstem Raum wurden im Münchner Kapuziner-Hölzl nicht weniger als 75 Arten der Gattung *Russula* (Täublinge) notiert. Zahlreiche Untersuchungen aus anderen Städten wie Bayreuth, Berlin, Dresden, Hamburg, Mönchengladbach, Potsdam, Regensburg, Stuttgart und Wiesbaden – die Liste ließe sich fortsetzen – bestätigen diesen Eindruck: Unsere Pilzflora wäre um ein Vielfaches ärmer und unwiederbringlich verwüstet von der agrochemischen Dampfwalze, die nach dem Krieg unsere landwirtschaftlichen Flächen und alles, was daran angrenzte, überrollte, gäbe es nicht diese innerstädtischen Oasen der Artenvielfalt.

Auch seltenen Röhrlingen bieten städtische Parkanlagen und parkähnliche Gärten Rückzugsgebiete. Hier der Wurzelnde Bitterröhrling *(Boletus radicans)* im Buchenlaub. Der ähnliche Satanspilz (s. S. 58) hat rote Poren.

Die zuständigen örtlichen Behörden, namentlich die Umweltämter und die Stadtgärtnereien, wissen über die mykologischen Schätze in den ihnen anvertrauten Anlagen oft nicht Bescheid, und manche Mitarbeiter staunen, wenn ein Mykologe sie in allgemein verständlicher Weise darauf aufmerksam macht. In der Regel ist der Pilzschutz nach wie vor ein Hobby weniger Engagierter, denen aus Amtsstuben ein »Was, ihr auch noch?!« entgegenschallt, wenn schlagkräftigere Organisationen wie Natur- und Vogelschützer ihre Forderungen bereits angemeldet haben.

In der kleinen holsteinischen Gemeinde Niendorf haben pilzkundlicher Sachverstand und behördliche Kooperationsbereitschaft zu einem bemerkenswerten Ergebnis geführt. Im dortigen Kurpark, gerade einmal 300 m vom Ostseestrand entfernt und insgesamt nur wenig mehr als 3 Hektar Fläche umfassend, setzt sich die Gehölzflora aus alten Eichen, Birken, Buchen und Hainbuchen sowie Haselsträuchern und diversen Nadelbäumen zusammen. Die

Rasenflächen sind stark mit Moosen durchsetzt, im Frühjahr weisen Gelbe und Weiße Anemone, Veilchen, Waldmeister und Schuppenwurz auf eine gute Bodenqualität hin. Jeder Mykologe wird hellhörig, wenn ihm ein solches Umfeld geschildert wird.

Seit Mitte der Achtzigerjahre des 20. Jahrhunderts wurde das Gelände von den Lübecker Pilzexperten Erich Jahn, Anke Schmidt und Hans-Gunnar Unger regelmäßig begangen. Die Liste der seltenen Mykorrhizapilze umfasste Raritäten wie den Anhängsel-Röhrling *(Boletus appendiculatus)*, den Goldporigen Röhrling *(Pulveroboletus gentilis)* und den stattlichen Gelbsporigen Weißtäubling *(Russula flavispora)*, der in diesem Park seinen ersten und nach wie vor bisher wohl einzigen bekannten Standort in Deutschland hat. Beim vorläufigen Abschluss der Untersuchungen waren insgesamt 242 Großpilze bekannt, von denen 49 auf den Roten Listen der gefährdeten Arten standen.

Das zuständige Amt für Natur und Umwelt, Abt. Naturschutz, in Eutin und das Bau- und Ordnungsamt Timmendorf reagierten schnell, als sie erfuhren, was die Mykologen im Kurpark entdeckt hatten. Bereits am 19. Juni 1992 erging die »Kreisverordnung über das Naturdenkmal Kurpark Niendorf«, deren nüchterne Paragraphen in Mykologenohren wie himmlische Weisen klingen, zum Beispiel Absatz 2(2): »Der Kurpark Niendorf wird aus wissenschaftlichen und landeskundlichen Gründen und wegen seiner herausragenden Bedeutung als Standort zahlreicher, sehr seltener und vom Aussterben bedrohter, stark gefährdeter und gefährdeter Pilzarten nach regionalen und überregionalen Roten Listen zum Naturdenkmal erklärt.« Wetterfeste Schautafeln mit Abbildungen seltener Arten weisen den interessierten Spaziergänger auf die Besonderheiten des Parks hin. In Paragraph 3, ist die Einbringung von »Pflanzenschutzmitteln, Düngemitteln oder sonstigen Stoffen organischer und anorganischer Zusammensetzung« ausdrücklich untersagt. Alle zugelassenen Pflegemaßnahmen sind auf die Bedürfnisse des Myzelschutzes ausgerichtet.

Die genaue Bestimmung rothütiger und rotporiger Röhrlinge ist selbst für Experten nicht immer leicht. Bei dem hier dargestellten Pilz handelt es sich wahrscheinlich um eine seltene rothütige Form des Netzstieligen Hexenröhrlings *(Boletus luridus)*.

Der schnellwüchsige, oft sehr groß und schwer werdende Riesenporling sorgt immer wieder für Aufsehen – zum Beispiel als 1981 in der Apotheke zu Rathenow in Brandenburg ein 9,8 kg schweres Exemplar ausgestellt wurde. Oder auch als er 1990 eine alte Buche im Park des damaligen Bonner Bundeskanzleramts befiel...

Hie und da lassen sich weitere Beispiele finden: So wurde in Plau am See (Mecklenburg) bereits 1987 eine ehemalige Tongrube wegen ihres Reichtums an seltenen Pilzarten zum »Flächennaturdenkmal« erklärt. Ähnliches widerfuhr einem Gipshügel bei Nordhausen in Thüringen, und bei Bad Mergentheim wurde ein Waldstück der Pilze wegen geschützt. Dennoch handelt es sich dabei eher um jene Ausnahmen, die die Regel bestätigen. Oft genug scheitert der Versuch, Behörden davon zu überzeugen, dass es keine qualitativen Unterschiede zwischen einem seltenen Specht und einem seltenen Spechttintling *(Coprinus picaceus)* gibt – einzig und allein deren subjektive Wahrnehmung in der Öffentlichkeit führt zur unterschiedlichen Bewertung. Ein Förster aus einer süddeutschen Kleinstadt mit großem Verständnis für Holz bewohnende Pilze vertraute mir einmal an: »Ein kleines grünes Schild mit einem Spechtsymbol schützt meine Pilzbäume. Dem Specht gönnt man nämlich sein totes Holz – dem Pilz nicht...«

Vom Schwefelporling und anderen Baumpilzen

Zu meinem eigenen Garten gehört ein Südhang mit einigen Obstbäumen, zwei alten Robinien und vielen wilden Haselsträuchern. In früheren Jahrhunderten gedieh hier sogar Wein. In Hohlräumen der alten Tuffsteinmauer, die den Hang nach oben zu begrenzt, überwintern, während ich diese Zeilen schreibe, viele Zauneidechsen und eine stattliche Ringelnatterpopulation, und auf der schattigen, feuchten Ostseite haben unterm Gestein die Feuersalamander ihren Biorhythmus auf Sparflamme gestellt. In Sommernächten huschen Fledermäuse durchs Geäst des Walnussbaums und Glühwürmchen schreiben mit ihrem kalten grünen Licht magische Hieroglyphen ins Dunkel über der Ligusterhecke. Oft spürt man den Hauch des Südens, den der Föhnwind über die nahen Alpen trägt.

Striegelige Teuerlinge *(Cyathus striatus)* auf einer bemoosten Wurzel. Die ungewöhnlichen Kleinpilze sind mit den Bovisten und Stäublingen verwandt. In England heißen sie »bird's nest fungi« (Vogelnestpilze).

Ich bin kein großer Gärtner vor dem Herrn, und die Kommission, die ringsum den Bäuerinnen Prämien für Balkonschmuck und wohlgepflegte Blumengärten verleiht, macht einen weiten Bogen um mein kleines Häuslergrundstück, sofern man sich nicht sogar klammheimlich bekreuzigt... Doch genug davon, denn schon erröte ich beim Gedanken an den Satz, mit dem ich dieses Kapitel begonnen habe! Ich liebe die Tiere und Pflanzen, die auf meinem nach allen Kriterien der Gartenbaukunst arg verwilderten Busch- und Hanggrundstück leben, und versuche selbstverständlich auch, die Pilze zu bestimmen, die sich im Laufe der Zeit hier angesiedelt haben. Schon der Gang zum Komposthaufen wird zur Exkursion, selbst im Winter. Aus einem in zweieinhalb Meter Höhe abgebrochenen Nussbaumast sprießt ein Büschel Samtfußrüblinge (*Flammulina velutipes*, s. S. 87). Am Holunderstrauch haben sich

Ein regelmäßiger Gast auf alten Holundersträuchern ist das Judasohr *(Auricularia auricula-judae)* aus der Familie der Ohrlappenpilze. Es ist ein naher Verwandter jener gallertartigen Pilze, die in Chinarestaurants unter dem irreführenden Namen »chinesische Morcheln« verkauft werden.

braune Judasohren *(Auricularia auricula-judae)* breit gemacht. Sie gehören zu den Ohrlappenpilzen und sind aufs engste verwandt mit jenen gallertigen, amorphen Gebilden, die im Chinarestaurant als »chinesische Morcheln« unters Gemüse gemischt werden, obgleich sie mit den echten Morcheln nicht das Geringste zu tun haben. Die seltsame Verfärbung eines Weidenastes rührt vom Fleischrötlichen Zystidenrindenpilz *(Peniophora incarnata)* her, dessen Fruchtkörper sich dem Beschauer und Berührer in Form eines eng dem Holz anliegenden Überzugs von wachsartiger Beschaffenheit präsentiert. Tief unten am Grund der alten Johannisbeersträucher neben dem Gartenzaun bildet der

Sparrige Schüpplinge *(Pholiota squarrosa)* am Grunde eines Obstbaums. Der bittere, ungenießbare Pilz, unterscheidet sich vom Hallimasch (s. S. 153) unter anderem durch sein braunes Sporenpulver. Die großen Büschel erscheinen meist erst im Oktober.

Stachelbeerporling *(Phellinus ribis)* seine mehrjährigen Konsolen, und am Pflaumenbaum sitzt ein Steinobst-Feuerschwamm *(P. tuberculosus)*. Wer alte Kirsch- oder Pflaumenbäume sein eigen nennt, sollte jetzt dieses Buch spontan beiseite legen und nachsehen, ob die knolligen Gebilde mit den ockerbraunen Poren nicht auch in seinem Garten vorkommen. Ich warte solange...

Gefunden? Ich gratuliere – und muss doch gleich einen Wermutstropfen in die Entdeckerfreude gießen! Die Mykologen Helmuth Schmid und Wolfgang Helfer schreiben in ihrem ebenso lehrreichen wie amüsant zu lesenden Büchlein »Pilze – Wissenswertes aus Ökologie, Geschichte und Mythos« über diesen Feuerschwamm: »Heißen Sie ihn willkommen als Bereicherung der Vielfalt des Lebens in Ihrem Garten, und verzeihen Sie ihm, dass er Ihrem Baum zwar sehr langsam, aber unvermeidlich den Garaus machen wird – das gehört nun mal zum Schicksal eines Pflaumenbaums...« Ähnlich zerstörerisch ist das Werk des Schwefelporlings *(Laetiporus sulphureus)*, der ebenfalls gerne in alten Obstgärten siedelt und sich dort vor allem über vorgeschädigte oder alte Birnbäume hermacht. Auch an Silberweiden, Eichen und anderen Laubbäumen sieht man ihn, und im Gebirge kommt er sogar an Nadelholz vor. Gegen Ende April oder im Laufe des Mai brechen an Stammwunden fleischig-saftige Knollen hervor, die sich bei günstiger Witterung binnen weniger Wochen zu kiloschweren, schwefel- bis orangegelben, konsolen- bis zungenförmigen Gebilden auswachsen, um dann ebenso schnell zu verfallen und zu verfaulen. Im Sommer kommt es manchmal noch zu einem zweiten Wachstumsschub, doch im Herbst und Winter sieht man an den betroffenen Bäumen oder auf dem Erdboden davor nur noch kreideweiße, schmierige Schwefelporlingsruinen.

Schwefelporlinge *(Laetiporus sulphureus)* verblüffen durch ihre fast tropisch anmutende Wuchskraft: Ende April oder im Mai erscheinen die saftstrotzenden Fruchtkörper als kleine gelbe Knollen an Stammwunden der befallenen Bäume...

Mit dem Schwefelporling verbinde ich zwei kulinarische Erlebnisse, wie sie gegensätzlicher nicht sein könnten. Als Jugendlicher unternahm ich mit einem Freund einmal in den Sommerferien eine Radtour durch Deutschland. Irgendwo im Fränkischen leuchtete uns von einer Obstbaumwiese unterhalb der Straße ein Schwefelporling entgegen – man kann die großen, oft treppenförmig übereinander sitzenden Hüte ja manchmal schon aus einer Entfernung von ein-, zweihundert Metern erkennen. Vom Strampeln ausgehungert und ständig knapp bei Kasse, zückten wir die Taschenmesser, schnitten ein paar kräftige Fruchtkörper ab, zerkleinerten sie und versuchten sie, auf dem Campingkocher zu garen. Das dauerte seine Zeit und gelang nur schlecht. Was da am Ende in zu viel Fett schwamm und dann noch viel zu gierig verschlungen wurde, behielt ich nicht lange bei mir. Ich überstand die kommende Nacht mit unfreiwillig leerem Magen und schwor mir, diesen Pilz nie wieder zu essen. Mein Freund überstand das Mahl ohne nachteilige Folgen – wahrscheinlich hatte er besser gekaut.

Mit zunehmendem Alter schwand die Treue zu den radikalen Gelübden der Jugend. Inzwischen esse ich den Schwefelporling wieder, aber nur ganz junge, saftige, leuchtend gelbe Exemplare, die ich in dünne Scheiben schneide

... um schon wenige Wochen später zu halbmeterbreiten, etagenweise übereinander sitzenden Konsolen herangewachsen zu sein.

und mit wenig Fett, Salz und Pfeffer in der Teflonpfanne brate wie ein Putenschnitzel. Lässt man die gebratenen Scheiben oder Streifen erkalten, so werden sie hart und spröde; man kann sie in diesem Zustand wie Käsegebäck zum Knabbern servieren. Der Pilz hat einen würzigen, interessanten Geschmack (der freilich nicht jedermann zusagt) und stärkt nach Auskunft der pilzkundigen chinesischen Naturheilkundler die körpereigenen Abwehrkräfte.

Rotpustelpilze *(Nectria cinnabarina)* sind als Pflanzenparasiten bei Gärtnern unbeliebt. Die rosa Punkte in der linken Bildhälfte zeigen die Nebenfruchtform.

Verborgenes unter dem Haselstrauch

Zurück in den Garten! Auf dem Komposthaufen und in seiner nächsten Umgebung sprießen im Sommerhalbjahr in mehreren Wachstumsschüben grazile Faserlinge *(Psathyrella)*, knallrote, pfenniggroße, mit einem schwarzen Wimpernkranz umgebene Schildborstlinge *(Scutellinia)* und verschiedene kleine Tintlinge *(Coprinus)*, die so zart sind, dass sie nur der Frühaufsteher zu Gesicht bekommt: Mit den ersten Sonnenstrahlen beginnt bei den über Nacht aufgegangenen Pilzchen die Umformung der Lamellen in schwarze Sporenflüssigkeit. Auch der Große Scheidling *(Volvariella gloiocephala)* und – ein wenig abseits – der Violette Rötelritterling *(Lepista nuda*, s. S. 105) tauchten schon einmal im gärigen Kompostmilieu auf. Der Große Scheidling wird wegen seines glänzenden, elfenbeinweißen Hutes und der mit einer Scheide (Volva) umgebenen Stielbasis oft für einen Weißen Knollenblätterpilz gehalten, von dem er sich jedoch durch den fehlenden Ring und die im Alter von den Sporen rosa gefärbten Lamellen unterscheidet.

Eine magische Welt für sich bilden die Schleimpilze (Myxomycetes). Nach neueren Erkenntnissen sind diese Einzeller gar keine Pilze, sondern Amöbenverwandte, also »Wechseltierchen«, die sich sogar fortbewegen können. *Hemitrichia serpula* gehört zu den häufigeren Arten.

Unter meinen Haselsträuchern beginnt die Pilzsaison schon mit den ersten vorfrühlingshaften Tagen im Februar und im frühen März: Ich bücke mich und greife mir vorsichtig eine Handvoll vorjähriges Laub. Zwischen den Blättern hängen die männlichen Kätzchen des vergangenen Jahres, und einigen von ihnen entsprießen einzeln oder in Gruppen kleine graubraune Pokale mit fadendünnen, geraden oder gedrehten Stielchen. Der Kätzchenbecherling *(Ciboria caucus)*, ist fast unter jedem Haselstrauch zu finden, und dies keineswegs nur auf Mykologengrundstücken; ebenso gerne kommt er an Erlenkätzchen vor. Sein Doppelgänger jedoch, *C. coryli*, ist eine große Seltenheit. Erst ein Blick durchs Mikroskop verrät seine Identität: Die Sporen werden über 15 Mikrometer lang (1 Mikrometer = 1/1000 mm) und damit erheblich größer als die von *C. caucus*. Außerdem sind sie anders geformt. Unter meinen Haseln am Hang wachsen beide Arten, und da es im Lande nur sehr wenige Menschen gibt, die sich mit der Sporengröße von Kätzchenbecherlingen befassen, gibt es in Deutschland auch nur ganz wenige sicher belegte Nachweise solcher Gemeinschaftsvorkommen.

Ein himmelblaues Rätsel

Das Frühjahr und der Vorsommer bescheren mir eine Vielzahl kleiner und kleinster Becher- und Kernpilze auf abgestorbenen Ästen, Blättern, Stengeln und Ranken. Wer sich mit diesen Winzlingen befasst, dem wird über kurz oder lang auch ein zierliches Blätterpilzchen mit rot-orangefarbenen Hüten und gelben Lamellen in die Hände fallen – der Orangefarbene Helmling *(Mycena acicula).*

Der geheimnisvollste Pilz meines Gartens aber ist – oder, besser gesagt, war – ein wunderschöner, etwa 3 cm breiter Becherling, der vor vielen Jahren an der feuchten Böschung des Grabens hinter dem Geräteschuppen auftauchte. Da es sich nur um ein einziges Exemplar handelte, machte ich den »Reifetest«: Ich blies einmal kräftig in den tiefblauen Kelch. Wären die Schläuche mit ihren jeweils 8 Sporen reif gewesen, so hätte sich ein Teil von ihnen jetzt explosionsartig entladen und mir eine Sporenstaubwolke entgegengepustet. Nur die reifen Sporen weisen

Wenn Pilze sterben, tragen Pilze sie zu Grabe... Ein alter Filzröhrling *(Xerocomus)* ist vom Goldschimmel *(Hypomyces chrysospermus)* befallen.

ein voll ausgebildetes »Ornament«, das heißt die zur mikroskopischen Bestimmung erforderliche Oberflächenskulptur auf. Da sich nichts tat, musste ich davon ausgehen, dass der Pilz noch ein oder zwei warme Tage brauchte, bis es soweit war, und beließ ihn an Ort und Stelle.

Aufgeregt durchblätterte ich am Abend die Fachliteratur, versenkte mich in das opulent bebilderte Tafelwerk des Franzosen Émile Boudier aus den Jahren 1905–1911, las mich fest in den Schriften seiner Landsleute Lucien Quélet und Louis-Joseph Grelet sowie der genialen Forscherin und Zeichnerin Marcelle LeGal geb. Choquart aus Amiens, die studierte Anglistin war und sogar Romane geschrieben hat... eine der großen Frauen der Mykologie! Ich holte die umstrittene »Monographia Discomycetum Bohemiae« des rauschebärtigen Professors Jiři Velenovský aus dem Jahr 1934 hervor, deren in einem altertümlichen böhmischen Deutsch geschriebene Einleitung nebst einiger mykologischer

Der Schimmelpilz *Spinellus fusiger* auf einem Gelbmilchenden Helmling (*Mycena crocata*, s. S. 27).

Spökenkiekerei auch ein paar heute noch aktuelle Sammeltipps enthält. Violette Becherlinge gibt es eine ganze Reihe – aber himmelblaue? Einige wenige sind beschrieben worden, doch sind sie durchwegs sehr rar und zum Teil nur von wenigen Aufsammlungen bekannt.

Am nächsten Morgen ging ich hinaus in den Garten, um meinem Pilzchen wieder in den Kelch zu blasen. Zu meinem Entsetzen war es verschwunden. An seiner Stelle hockte eine dicke ockerrote Nacktschnecke. Ohne jeden Respekt vor dem wissenschaftlichen Ehrgeiz des Grundbesitzers hatte sie den blauen Wunderling über Nacht verspeist. Nachdem ich das gefräßige Tier ziemlich unsanft, wie ich gestehen muss, entfernt hatte, erkannte ich den traurigen Rest: einen kleinen graublauen Stumpf des kurzen Stiels. Von Sporen keine Spur.

Bis heute treibt mich der Gedanke an den himmelblauen Becherling im Gartenhumus um, und es vergeht kein Jahr, in dem ich nicht bei geeigneter Witterung die Grabenböschung inspiziere. Es ist umsonst. Entweder das Myzel ist längst abgestorben – oder es produziert seine kurzlebigen Fruchtkörper nur unter äußerst günstigen Bedingungen. Becherlingsspezialisten aus aller Welt haben seit dem Schneckenattentat zahlreiche neue Arten beschrieben, darunter sogar wieder die ein oder andere blaue. Ob »meine« darunter war, werde ich nie erfahren. Und ich kann nicht einmal ahnen, wie viele himmelblaue Becherlinge seither in anderen Gärten ihre Kelche öffneten wie scheue Blumen und ein paar Tage später wieder vergingen, ohne dass weit und breit ein Mykologe gewesen wäre, der wenigstens eine von den vielen Millionen Sporen hätte mikroskopieren können... Der Wind hat sie längst verwirbelt und um den Erdball getragen.

Ich will das Bild des zusehends verwildernden Gartens mit dem müßigen Gartenbesitzer, der mit langsam ergrauendem Haarkranz Jahr für Jahr traumverloren des Himmels Blau nicht über sich sucht, sondern auf schwarzer Gartenerde oder vielleicht sogar

in sich selbst, keineswegs romantisieren. Was ein rechter Gärtner ist, der hat Wichtigeres zu tun, auch wenn unsere Welt arg verarmen würde, sollte das scheinbar Unwichtige im kleinen Garten oder im großen Land aussterben.

Der Austernseitling *(Pleurotus ostreatus)* – hier ein »wildes« Vorkommen an einem liegenden Buchenstamm – hat als Zuchtpilz längst einen festen Platz in den Gemüseabteilungen unserer Supermärkte erobert.

Von Zuchtfreuden und Superlativen

Viele Gartenfreunde haben auf eine ganz andere Weise als der bislang geschilderten zum Pilz gefunden: Sie züchten sich ihre Pilze selber – und das heißt: Nicht alle Pilze, die Sie im Garten Ihres Nachbarn oder Freundes sehen, sind ungeladene Gäste.

Ich kenne eine passionierte Hobbygärtnerin, die seit vielen Jahren alle Stümpfe von Bäumen und Sträuchern in ihrem weitläufigen Garten mit dem Myzel Holz bewohnender Pilze beimpft und obendrein verschiedene, in ein- bis anderthalb Meter lange Stücke gesägte Laubholzprügel ausbringt und ebenso behandelt. Stockschwämmchen *(Pholiota mutabilis)*, Samtfußrüblinge *(Flammulina velutipes)*, Graublättrige Schwefelköpfe *(Hypholoma capnoides)* und die fächerförmigen dunkelgrauen Austernseitlinge *(Pleurotus ostreatus)* wachsen hier. Der Glänzende Lackporling *(Ganoderma lucidum)* schraubt seine roten, wie gedrechselt und lackiert aussehenden roten Stiele aus einer Spalte am Rande eines Eichenstubbens. Der in Deutschland eher als kuriose Laune der Natur angesehene Sonderling spielt als »Ling zhi« der Chinesen und »Reishi« der Japaner in der traditionellen ostasiatischen Volksmedizin seit alters her eine wichtige Rolle als »Heilpilz« gegen allerhand Leiden und Gebrechen. Ein anderer, ursprünglich nur in Asien heimischer Zuchtpilz, der inzwischen schon in vielen deutschen Gärten wächst, ist der Shitake *(Lentinula edodes)*. Sogar ein – in der Natur sehr seltener – Stachelbart *(Hericium*, vgl. S. 116f.) ließ sich ansetzen. Zur richtigen Jahreszeit kann man auf einer Art Mistbeet auch Rotbraune Riesenträuschlinge *(Stropharia rugosoannulata)* sehen, die der Handel unter dem Namen »Braunkappen« anpreist. Das Myzel der Holzbewohner wird in Bohrlöcher oder Schnittkerben eingegeben, die gut verschlossen werden müssen, da Vögel und naschhafte Kleintiere die schmackhafte Körnerbrut mit Begeisterung verzehren. Nach einigen Monaten – bei manchen Arten kann es auch ein Jahr oder länger dauern – hat das Myzel das Substrat durchwachsen und die ersten Fruchtkörper erscheinen. Wer mehrere Arten ausgebracht hat und ihre Erscheinungszeiten kennt, kann nahezu das ganze Jahr über frische Pilze ernten, ohne sich der Mühen langwieriger Exkursionen mit ungewissem Ausgang unterziehen zu müssen, zu denen der von Beet, Rabatte, Staudenschnitt und Komposthaufen ständig ge- bis überforderte Hobbygärtner von heute ohnehin kaum noch Zeit hat …

Ein schon recht betagter Wiesenchampignon *(Agaricus campestris)* mit aufgeschirmtem Hut und von den Sporen dunkelbraun verfärbten Lamellen. In manchen Jahren kann man die Pilze körbeweise einsammeln.

In manchen Gärten und landwirtschaftlich genutzten Flächen gedeiht – ihn wollen wir nicht vergessen – neben den hoch geschätzten Wiesenchampignons *(Agaricus campestris)* auch jener Pilz, der zum unabänderlichen Inventar jeder Zeitung in der spätsommerlichen »Saure-Gurken-Zeit« gehört: der Riesenbovist *(Calvatia gigantea)*. Des Größenvergleichs wegen kniet meist ein Kind oder sitzt ein Hund daneben, oder der stolzer Finder selbst präsentiert seine Entdeckung wie der Fischer den preisverdächtigen Hecht. Lokalredakteure, sonst leider oft (nicht immer) schnoddrig-leichtfertige Verbreiter mykologischer Halb- und Unwahrheiten, kennen ihn besser als jeden anderen Pilz. Die folgenden drei Beispiele sind willkürlich ausgewählt – jeder Mykologe hat ähnlich lautende Notizen in seinem eigenen Heimatblättchen gelesen.

»Ein 5,7 Kilogramm schwerer Riesenbovist ist gegenwärtig im Schaufenster der Löwen-Apotheke der märkischen Kreisstadt Neuruppin zu sehen. Die Höhe des Pilzes beträgt 34, der Durchmesser 51, und der Umfang 133 cm...« (Das Volk, Erfurt, 15.9.1978)

»Zehn Pfund und 150 Gramm wiegt dieser Riesenbovist, der unter den Haselnußstauden im Garten eines Geflügelzüchters im oberfränkischen Mistelfeld wuchs...« (Süddeutsche Zeitung, 24.9.1977)

»Rekordverdächtig ist der Schwammerlfund, den die Familie B. in der Nähe von Kay machte. Nicht weniger als 22 Riesenboviste konnten mit nach Hause genommen werden. Der größte davon wog 3120 Gramm und hatte einen Umfang von 106 Zentimetern...« (Südostbayerische Rundschau, 28.9.1992)

Der essbare Riesenbovist ist ein Pilz, der der Überdüngung, der großen Stickstoffspringflut, trotzt, die übers Land gegangen ist. Oft wächst er in Brennnesselfluren, und mit dem Stickstoff geht er sogar in die Wälder, in denen er eigentlich nichts zu suchen hat. Ich sah ihn erstmals vor vielen Jahren bei Buxtehude in der Elbmarsch – die zu einem Hexenring angeordneten weißen Kugeln leuchteten weithin aus dem üppigen Grün der Wiese.

Junger Riesenbovist *(Calvatia gigantea)* vor glücklicher Schweizer Kuh.

Foto S. 142/143: Familie Fliegenpilz gibt sich die Ehre...

Der Tod aus dem Kochtopf

Ein geselliger Abend

Ein alter Freund von mir zog jedesmal, wenn wir auf der Pilzpirsch an einem Grünen Knollenblätterpilz *(Amanita phalloides)* vorbeikamen, ehrfurchtsvoll den Hut, und es konnte passieren, dass er den Giftpilz sogar persönlich ansprach: »Ich danke dir! Denn ohne Dich und Deine Artgenossen gäbe es längst keine Pilze mehr!« Hinter der Ironie steckte der Gedanke, dass ohne Giftpilze alle Pilze essbar wären. In der Tat hat die Vorstellung, wie es in diesem Fall zur Pilzzeit in unseren Wäldern zuginge und wie es um unsere heimische Pilzflora bestellt wäre, etwas Alptraumhaftes an sich.

Die Existenz einiger tödlich giftiger Arten zwingt uns dagegen zu ständiger Konzentration. Ein Moment der Unachtsamkeit kann nie wieder gut zu machende Folgen nach sich ziehen. Dank neuer Behandlungsmethoden konnte die Sterblichkeitsrate bei Knollenblätterpilzvergiftungen in den vergangenen Jahren zwar deutlich gesenkt werden, doch vergisst man darüber leicht, dass viele Betroffene zwar mit dem Leben davonkommen, dass die Leber aber nach der Attacke durch die die lebenswichtige körpereigene Eiweißsynthese blockierenden Amatoxine nur selten ihre volle Funktionstüchtigkeit zurückerlangt. Manchmal hilft, wie 1991 im Falle eines siebenjährigen Jungen aus der Schweiz, nur noch die Lebertransplantation.

Dieser Grüne Knollenblätterpilz *(Amanita phalloides)* hat gerade die weiße Hülle gesprengt, von der er anfangs ganz umschlossen war. Ihre Reste umgeben die Stielknolle mit einer lappigen Scheide.

Nichts ist banaler als der Pilztod: Auf einer Bergwanderung beschließt eine Gruppe von Arbeitskollegen, den abendlichen Hüttenzauber um ein delikates Pilzgericht zu bereichern. Pilze gibt es in Hülle und Fülle – aber wer kennt sich aus? Einer ist ein bisschen vorlaut, nennt zwei, drei Arten beim Namen und gilt damit als Experte, frei nach dem Grundsatz, dass unter Blinden der Einäugige König ist. Vor Gericht wird der Mann später aussagen, er sei mit seiner Großmutter manchmal in die Pilze gegangen, und da sei nie etwas passiert. Die muntere Gesellschaft sammelt, was das kollektive Minimalwissen hergibt – und so wandern neben

Unbekannte Pilze, die man bestimmen möchte, sollten niemals abgeschnitten, sondern mit der Stielbasis aus dem Boden herausgedreht werden. Nur so verhindert man, dass einem bei den Knollenblätterpilzen ein wichtiges Merkmal entgeht.

allerlei Röhrlingen, Stoppelpilzen, Täublingen und Schirmpilzen acht junge, schneeweiße Kegelhütige Knollenblätterpilze *(Amanita virosa)* als vermeintliche Champignons in den Korb. Am Abend wird die Ausbeute fröhlich in die Pfanne geschnippelt und mit einem Dutzend Eiern zum großen Omelette verlängert. Selbstverständlich fehlt in diesem Szenario auch nicht der Spielverderber: Dem sind nämlich angesichts der Sorglosigkeit des Sammelvergnügens leichte Zweifel gekommen, weshalb er seinen abendlichen Hunger mit zwei Wurstbroten aus dem Vesperpaket stillt.

Beziehungsreiche Anspielungen und Uralt-Witze begleiten das wohlschmeckende Mahl: »Manche Pilze schmecken eben einmalig«, sagt einer der vier Unglücklichen, die am Ende der nächsten Woche nach einem langen Todeskampf voller Angst, furchtbarer Schmerzen, schwerster Vorwürfe gegen sich selbst und die anderen Beteiligten nicht mehr leben werden. Zwei, drei anderen läuft bei so viel schwarzem Humor ein leichter Schauer über den Rücken: Sie essen nur wenig – und kommen mit schweren Leberschäden davon. Einer der Todgeweihten mag eigentlich keine Pilze, isst aber mit, weil er den Anführer der Harakiri-Truppe, seinen unmittelbaren Vorgesetzten, nicht durch Mäkelei oder Misstrauen kränken will. Den Hauptverantwortlichen aber, der sich aus Eitelkeit oder Selbstüberschätzung mit der Expertenaura umgab, rettet sein Hang zur Flasche: Er betrinkt sich in der Nacht nach dem Pilzgericht, sodass er die noch weitgehend unverdauten Knollenblätterpilze in seinem Magen mitsamt dem Schnaps rechtzeitig, bevor das Gift seine zerstörerische Wirkung entfalten kann, wieder von sich gibt... Der Richter spricht später von einer Mitschuld der Vergiftungsopfer und lässt den bisher unbescholtenen, seit jener Unglückswoche an schweren Depressionen leidenden Mann mit einer Bewährungsstrafe davonkommen.

So, wie diese Geschichte hier erzählt wurde, hat sie sich nicht zugetragen. Doch praktisch jeder realen Pilzvergiftung liegen Ursachen zu Grunde, wie sie hier geschildert wurden: Autoritäres Gehabe, Gruppendruck und Gedankenlosigkeit, aktive und passive Kompetenzanmaßung (»Ich kenne – Papa kennt – alle Pilze«), manchmal auch nachlässiger Umgang mit Pilzbüchern, die – was leider oft übersehen wird – nicht nur aus Bildern bestehen, sondern auch aus Texten, die bei jeder ernst gemeinten Pilzbestimmung sorgfältig gelesen werden müssen. Nichts illustriert die Banalität der Ursachen besser als die Schlagzeile der »Bild-Zeitung« vom 1.9.1967: »Ohne Brille Pilze gesucht – Familie starb«. Hinzu kommt in Zeiten großer Mobilität die leichtfertige Übertragung lokal erworbener Pilzkenntnisse auf die Flora anderer Länder oder gar Kontinente: In Mitteleuropa waren in der jüngeren Vergangenheit besonders oft Gastarbeiter- und Aussiedlerfamilien von Pilzvergiftungen betroffen.

Ein voller Sammelkorb krönt die Pilzwanderung. Die giftigen Gesellen im Hintergrund bleiben an Ort und Stelle...

Frühherbstliche Stimmung im Buchen-Hochwald. In solchen Wäldern gedeiht auch der Grüne Knollenblätterpilz. Noch öfter findet man ihn aber unter Eichen und manchmal kommt er sogar im Nadelwald vor.

Verwechslungen

Die Regel steht in jedem Pilzbuch, wird bei jedem Pilzvortrag verkündet, und eigentlich gehört sie zum Pflichtpensum jeder Bildungseinrichtung, in der biologische Zusammenhänge oder auch einfach nur Allgemeinbildung vermittelt werden. Sie lautet: Es gibt kein Patentrezept zur Erkennung von Giftpilzen! Wer nicht von vornherein auf den Genuss selbst gesammelter Wildpilze verzichten will, den schützt einzig und allein genaue Artenkenntnis vor Vergiftungen. Die Verantwortung beginnt im Wald; sie liegt beim Sammler und Zubereiter des Gerichts – nicht beim Pilz!

Obwohl weitaus die meisten tödlichen Vergiftungen in Europa auf Verwechslungen von essbaren Champignons, Grünlingen, Täublingen oder Ritterlingen mit Grünen, Kegelhütigen und Frühlings-Knollenblätterpilzen zurückführbar sind, genügt es nicht, diese 3 Arten zu kennen. Für die schlimmste Pilzvergiftung der letzten Jahre in der näheren Um-

Blasse und fleischfarbene Korallenpilze *(Ramaria)* sollten generell gemieden werden – »Bauchwehkorallen« halten, was ihr Name verspricht.

Der häufige Nebelgraue Trichterling *(Clitocybe nebularis)* wird von vielen Menschen anstandslos vertragen – und ruft bei anderen Gesundheitsstörungen hervor.

Unten: Rote und orangefarbene Schleierlinge *(Cortinarius)* eignen sich nicht für kulinarische Experimente, da zu ihnen einige der gefährlichsten Giftpilze gehören.

gebung meines Wohnorts waren weder »Knollis« noch deren nahe Verwandte, der Fliegenpilz *(Amanita muscaria)* oder der Pantherpilz *(A. pantherina)*, verantwortlich, sondern ein appetitlich aussehender, angenehm nach frischem Mehl duftender Tigerritterling *(Tricholoma pardinum)*. Die Betroffenen, ein Ehepaar mit eigentlich recht guten Pilzkenntnissen und langjähriger Sammelerfahrung, hatten an einem trüben Spätherbstnachmittag Nebelgraue Trichterlinge *(Clitocybe nebularis)* gesammelt – und die in der Nähe stehenden, ebenso grauen, aber schuppighütigen Giftpilze gleich mit. Das Paar verließ sich auf seine jahrelange »unfallfreie« Praxis – und landete nach der mykologischen Amokfahrt auf der Intensivstation. Dass die beiden den Giftpilz, nachdem sie ihn sich einverleibt hatten und bald danach die ersten heftigen Symptome verspürten, selber korrekt nachbestimmten, half ihrem Arzt bei der Therapie. Es dauerte 10 Tage, bis Mann und Frau wiederhergestellt waren.

Auch Vergiftungen mit Spitzbuckeligen und Orangefuchsigen Rauköpfen *(Cortinarius rubellus* und *C. orellanus)*, die leichtfertig mit Pfifferlingen verwechselt werden, kommen immer wieder vor. Die Tücke dieser die Nieren angreifenden Giftpilze liegt darin, dass die ersten Beschwerden meist erst mehrere Tage nach dem Pilzgericht auftreten, was zur Folge hat, dass oft wertvolle Zeit verstreicht, bis Arzt und Patient der Ursache der Vergiftung auf die Spur kommen.

Neues aus der Giftküche

Die »Giftpilzkunde« ist eine nach wie vor überraschend flexible Wissenschaft, die sich ständig ergänzt und umschreibt. Galten noch vor dreißig, vierzig Jahren Holz bewohnende Pilze als weitgehend ungefährlich, so weiß man heute um die Gefährlichkeit der so leicht mit dem Stockschwämmchen *(Pholiota mutabilis)* verwechselbaren Gifthäublinge *(Galerina marginata* und Verwandte) und hat im wegen seines bitteren Geschmacks bis dato nur als »ungenießbar« apostrophierten Grünblättrigen Schwefelkopf *(Hypholoma fascicularе*, s. S. 92 und 99) lebensgefährliche Toxine entdeckt. Ehemalige Marktpilze wie der Kahle Krempling *(Paxillus involutus)* mussten wegen schwerer, z. T. sogar tödlicher Vergiftungen zum Giftpilz erklärt werden, ohne dass man plausibel erklären kann, warum es Menschen gibt, die diese Art jahrzehntelang problemlos gegessen haben. Ähnliches gilt auch für die Frühjahrslorchel, von der schon im Kapitel über die Morcheln die Rede war.

Bei den Täublingen hielt man sich lange an die Richtlinie, dass alle mild schmeckenden Arten unbedenklich genießbar seien – doch seitdem ein Freund von mir und seine Familie nach dem Genuss Rotstieliger Ledertäublinge *(Russula olivacea)* ärztlicher Hilfe bedurften und die Fachliteratur über ähnliche Fälle berichtete, kann ich auch diese gängige

Der Rotschuppige Raukopf *(Cortinarius bolaris)*, ein häufiger, giftverdächtiger Pilz aus Buchenwäldern auf sauren Böden.

Der Zimtbraune Weichporling *(Hapalopilus rutilans)* – hier auf einem abgestorbenen Tannenstämmchen im Voralpenland – hat sich erst spät als Giftpilz entpuppt.

Regel nur noch eingeschränkt empfehlen. Selbst die angeblich harmlosen Porlinge haben ihre Unschuld verloren, seitdem bekannt ist, dass der Zimtbraune Weichporling *(Hapalopilus rutilans)* ein starkes Gift enthält. Im Weißen Rasling *(Lyophyllum connatum)*, von dem es 1958 in einem Pilzbuch noch ohne jede Einschränkung hieß, er sei »essbar, vorzüglich«, fanden die Forscher einen mutagenen Inhaltsstoff, der zu Erbgutschädigungen führen kann – was einen der profiliertesten deutschen Mykologen bis heute nicht davon abhält, ihn mit Genuss zu verspeisen, weil er solcherlei Warnrufe für maßlos übertrieben hält. In Frankreich geriet in jüngerer Zeit ein in den Kiefernwäldern der Atlantikküste massenhaft auftretender Ritterling in Verruf. Die unserem Edelritterling oder Grünling *(Tricholoma auratum)* nahe stehende Art wird für den Tod mehrerer Menschen verantwortlich gemacht, obwohl andere Personen, die diese Pilze aßen, keine Beschwerden zeigten.

Kartoffelboviste *(Scleroderma aurantium)* im Buchenlaub. Die Oberfläche ist nach langer Trockenheit felderig aufgeplatzt. Früher kam es gelegentlich vor, dass der giftige Pilz von kriminellen Händlern als »Trüffel« verkauft oder Trüffellieferungen beigemischt wurde.

Individuelle, genetisch bedingte Unverträglichkeitsreaktionen und die wachsende Allergieanfälligkeit vieler Menschen mögen bei solchen tragischen Vorkommnissen eine Rolle spielen. Auch gibt es Überlegungen, ob der Giftgehalt bei manchen Arten regional schwankt und ob man es nicht in manchen Fällen mit äußerlich sehr ähnlichen, aber nicht identischen Arten zu tun hat, von denen die eine giftig ist und die andere nicht. Beim altbekannten Hallimasch *(Armillaria mellea* agg.) weiß man seit einiger Zeit, dass es sich in Wirklichkeit um einen Komplex mehrerer nahe verwandter Arten handelt, die sich möglicherweise auch hinsichtlich ihrer Verträglichkeit für den menschlichen Organismus unterscheiden. Wer kulinarisch mit Pilzen experimentiert, die er zuvor nie gegessen hat, sollte auf jeden Fall mit bescheidenen Mengen anfangen.

Vergiftung oder Verführung? Pilze als Modedrogen

Drogenpilze galten lange Zeit als exotische Schmankerl, die einem vielleicht auf exotischen Tempelstufen, in Goa, auf Bali oder in Mexiko, angeboten wurden, in Mitteleuropa jedoch kaum vorkommen. Der amerikanische Banker und Ethnomykologe R. Gordon Wasson war einer der ersten Wissenschaftler, die sich mit der Erforschung dieser Pilze und ihrer Wirkungen beschäftigten. Zusammen mit dem französischen Mykologen Roger Heim studierte er die mexikanischen *Psilocybe*-Arten, die im religiösen Brauchtum der mexikanischen Indianer seit alters her eine große Rolle spielen. Wasson und Heim konnten nicht ahnen, dass sie und ihre Mitarbeiter und in ihrem Gefolge »Kult«-Autoren wie Carlos Castañeda und J. M. Allegro einen wesentlichen Beitrag zur Popularisierung einer pflanzlichen Droge leisteten, die inzwischen in vielen Ländern auf den Listen der verbotenen Rauschgifte steht.

Ob es am Reiz des Verbotenen oder an der Vereinfachung der Zuchtmethoden liegt, oder ob wir es mit gesellschaftlichen Randerscheinungen der Globalisierung zu tun haben, mag dahingestellt bleiben. Tatsache ist, dass heutzutage Pilzdrogen – verbal geschönt als »Magic Mushrooms«, »Zauber-« oder »Lachpilze« – auf Grauen bis Schwarzen Märkten und über das Internet ziemlich einfach erhältlich sind und dass sogar handliche »kits« für die Anlage privater Kulturen auf dem Reihenhausbalkon angeboten werden.

Während die Gattung *Psilocybe* in tropischen und subtropischen Gebieten mit einer reichen Artenfülle vertreten ist, beschränkt sich die heimische Flora der psychoaktiven Traumproduzenten im Wesentlichen auf zwei Arten mit vergleichsweise hohem Psilocybingehalt – den Spitzbuckeligen und den Blauenden Kahlkopf *(Psilocybe semilanceata* und *P. cyanescens)*. Während der Spitzgebuckelte auf Wiesen und

Der Hallimasch beherrscht den Pilzaspekt im herbstlichen Nadelwald.

Weiden erscheint, findet man den Blauenden im Oktober und November auf alten Reisighaufen in Wäldern, Parkanlagen und an Wegrändern, nicht selten auch auf gehäckseltem Holz und dort oft in eindrucksvollen Mengen. Wegen ihrer späten Erscheinungszeit ist diese Art lange verkannt worden – oder aber sie ist dank des reichhaltigen Nahrungsangebots in jüngster Zeit häufiger geworden.

Blauende Kahlköpfe *(Psilocybe cyanescens)* – die unscheinbaren Wegrand- und Reisigbewohner sind die potentesten Pilzdrogen unserer Breiten; der Handel mit ihnen wird als Rauschgiftdelikt bestraft.

Das private Speisepilzrepertoire gelegentlich mit halluzinogenen Pilzen aus heimischen Wäldern anzureichern oder zu ergänzen, mag vielleicht spannend sein, empfehlenswert ist es nicht. Niemand kann die individuellen Auswirkungen von Psychodrogen auf die eigene Befindlichkeit vorhersagen, und während die direkte Gefahr langfristiger körperlicher Schädigungen als solche gering ist, sind die sekundären Folgen durch irrationales oder unkontrollierbares Verhalten im Zustand der Berauschung unberechenbar. Auf die Frage, was er von der modischen »Magic-Mushroom«-Welle halte, stellt der Gerichtsmediziner Christian Reiter in einem Interview mit dem Magazin »Wiener« die provozierende Gegenfrage: »Wer ist dann schuld, wenn einer vom Hochhaus springt, weil er jetzt grad fliegen lernt?«

In der »Südwestdeutschen Pilzrundschau« berichtete im Januar 2000 G. Müller über einen Selbstversuch mit Blauenden Kahlköpfen. Wer diesen Artikel liest, ist vorgewarnt: »Meine Hand erschien mir wie die Klaue eines Monsters, die Haare auf dem Handrücken tierhaft. Ich führte die Finger zusammen. Wie Wachs durchdrangen sie einander. Mein auf die Stirn gelegter Arm schien in mich hineinzuversinken…«

Man kann sich angenehmere Empfindungen vorstellen.

Literatur

Das Literaturverzeichnis enthält auch einige Titel von allgemeinem Interesse, die in den Texten nicht ausdrücklich erwähnt sind.

Azéma, C. (1979): Mémoire sur la toxicité des gyromitres. Documents mycologiques 10, fasc. 37–38: 1–28.

Baral, H.-O. & Matheis, W. (2000): Über sechs selten berichtete weißhaarige Arten der Gattung *Lachnellula (Leotiales)*. Zeitschrift für Mykologie 66(1): 45–78.

Bollmann, A., Gminder, A., Reil, P. (1996): Abbildungsverzeichnis europäischer Großpilze. Jahrbuch der Schwarzwälder Pilzlehrschau, Bd. 2. Hornberg.

Boudier, É. (1905–1911): Icones mycologicae, ou iconographie des champignons de France. Paris. Reprint Lausanne 1982.

Breitenbach, J. & Kränzlin, F. (1981, 1986, 1991, 1995, 2000): Pilze der Schweiz. Bd. 1–5. Luzern.

Bresadola, J. (1927–1933): Iconographia Mycologica. Mediolani.

Bresinsky, A. & Besl., H. (1985): Giftpilze. Ein Handbuch für Apotheker, Ärzte und Biologen. Stuttgart.

Candusso, M. & Lanzoni, G. (1990): Lepiota s. l. Fungi Europaei, Bd. 4. Saronno.

Dennis, R. W. G. (1983): British Ascomycetes. Vaduz.

Deutsche Gesellschaft für Mykologie & Naturschutzbund Deutschland e. V. (NABU) (1992): Rote Liste der gefährdeten Großpilze in Deutschland. Schriftenreihe Naturschutz Spezial. Eching.

Dörfelt, H. (1985): Die Erdsterne. Geastraceae und Astraeaceae. Die Neue Brehm-Bücherei. Wittenberg.

Fourré, G. (1985): Pièges et curiosités des champignons. Niort.

– (1990): Dernières nouvelles des champignons. Niort.

Gross, G., Runge, A. & Winterhoff, W. (1980): Bauchpilze *(Gasteromycetes* s. l.) in der Bundesrepublik und Westberlin. Beihefte zur Zeitschrift für Pilzkunde, Bd. 2: 1–222.

Herrmann, M., Hermann, W., Langner, J., Bauer, S., Heinroth-Hoffmann, I., Rath, F.-W. (1989): Der Zimtfarbene Weichporling – *Hapalopilus rutilans* – verursachte zwei Vergiftungsgeschehen. Mykologisches Mitteilungsblatt 32(1): 1–4.

Jahn, H. (1963): Mitteleuropäische Porlinge und ihr Vorkommen in Westfalen. Westfälische Pilzbriefe 4: 1-134.

– (1968): Pilze an Weißtanne *(Abies alba)*. Westfäl. Pilzbr. 7 (2): 17–40.

– (1979): Pilze die an Holz wachsen. Herford.

Killermann, S. (1929): Bayerische Becherpilze. Kryptogamische Forschungen II, 1: 27–47.

Krieglsteiner, G. J. (1991, 1993): Verbreitungsatlas der Großpilze Deutschlands (West), Bd. 1A, 1B, 2. Stuttgart.

– (1992): Das neue europäische Areal des Tintenfischpilzes *Clathrus archeri* (Berk.) Dring. Beiträge zur Kenntnis der Pilze Mitteleuropas VIII: 29–64.

Lohmeyer, T. R. (1991): Mykologische (und andere) Eindrücke aus Australien. Mykologisches Mitteilungsblatt 34(2): 61–76.

Lohmeyer, T. R., Christan, J. & Gruber, O. (1994): Ein Nachweis von *Pluteus variabilicolor* in Oberösterreich. Österreichische Zeitschrift für Pilzkunde 3: 95–100.

Maas Geesteranus, M. A. (1976): Die terrestrischen Stachelpilze Europas. Verh. Koninkl. Nederl. Akad. v. Wetensch., Afd. Natuurk., Tw. R. 65: 1–127. Amsterdam.

Marchand, A. (1971–1986): Champignons du nord et du midi. Bd. 1–9. Perpignan.

Michael, E., Hennig, B. & Kreisel, H. (1978–1988): Handbuch für Pilzfreunde. Bd. 1–6. Jena.

Neeser, K. (1991): Das Pilzschutzgebiet »Wolfental« im Raum Bad Mergentheim. Beiträge zur Kenntnis der Pilze Mitteleuropas 7: 3–10.

Noordeloos, M. A. (1992): Entoloma. Fungi Europaei, Bd. 5. Saronno.

Pätzold, W. & Reil, P. (1997): Pilzfruchtkörper auf noch ansitzenden, toten Ästen ausgewählter Nadelbäume. Südwestdeutsche Pilzrundschau 33: 39–46.

Phillips, W. (1893). A Manual of British Discomycetes. 2. Aufl. The International Scientific Series, Bd. 61. London.

Quélet, L. (1872–1897): Les Champignons du Jura et des Vosges (mit Suppléments 1–20). Comptes rendues de l'Association française pour l'avancement des sciences.

Rehm, H. (1896): Ascomyceten: Hysteriaceen und Discomyceten, in: Dr. L. Rabenhorst's Kryptogamen-Flora von Deutschland, Oesterreich und der Schweiz. 2. Aufl., Erster Band: Pilze, von Dr. Georg Winter und Dr. H. Rehm, III. Abtheilung. Leipzig.

Ryman, S. & Holmåsen, I. (1992): Pilze. Aus dem Schwedischen übersetzt von Till R. Lohmeyer und Hans-Gunnar Unger. Braunschweig.

Schild, E. (1971): Clavariales. Fungorum rariorum icones coloratae, Pars V. Lehre.

Schmid, H. & Helfer, W. (1995): Pilze – Wissenswertes aus Ökologie, Geschichte und Mythos. Eching.

Unger, H.-G. (1998): Das Naturdenkmal Niendorfer Kurpark – ein Pilzreservat an der Ostsee. DGfM-Mitteilungen 1998(1): 12–15, in Zeitschrift für Mykologie 64(1) 1998.

Velenovský, J. (1934): Monographia discomycetum Bohemiae. Prag.

Volk, Tom (1995f.): Internetseite *www.tomvolkfungi.net*

Yang, J., Mao, X., Ma, Q., Zong, Y. & Wen, H. (1987): Icones of medicinal fungi from China. Peking.

Scharlachroter Kelchbecherling *(Sarcoscypha austriaca)*. Explosionsartig haben sich die reifen Asci (Schläuche) entladen, und eine Sporenstaubwolke verteilt sich in der Luft.

Register

Bildverweise sind durch **Fettdruck** hervorgehoben.

Danksagung

Ohne die z. T. über viele Jahre hinweg gewährte Hilfe anderer hätte dieses Buch nicht entstehen können. Ich danke vor allem meinem Freund Otto Gruber (Garching/Alz), der auch einige Bilder zu diesem Band beisteuerte, den Druck des Buches aber nicht mehr erlebt hat; darüber hinaus den anderen Freunden und Mitarbeitern aus der Arbeitsgemeinschaft Mykologie Inn/Salzach (AMIS), der Mykologischen Arbeitsgemeinschaft München/Umland (MAMU) und dem Internet-Forum *mycologia-europaea;* sowie für wertvolle Ratschläge, Gastfreundschaft, Buchgeschenke und z. T. jahrzehntelange Geduld mit mir den Damen und Herren Dr. Dieter Benkert (Potsdam), Gabriele Conrad (Goonengerry), Erich Jahn (†, vormals Bad Schwartau), Sonja Lohmeyer (München), Jean Mornand (Angers), Dr. Bernhard Oertel (Bonn), Christel Rost (Tittmoning), Peter Scheidel (Maleny), Hans-Gunnar Unger (†, vormals Lübeck), Kevin Virgen (Goonengerry), Ilse Wendland (Hamburg), Dr. Tony Young (Blackbutt) und last but not least meinen Eltern Ursula und Wolfgang Lohmeyer (Tengling).

Till R. Lohmeyer

Die Deutsche Bibliothek – CIP-Einheitsaufnahme

Ein Titeldatensatz für diese Publikation ist bei Der Deutschen Bibliothek erhältlich

BLV Verlagsgesellschaft mbH
München Wien Zürich
80797 München

Umschlaggestaltung:
Studio Schübel, München

Umschlagfotos: Felix Labhardt
(Vorderseite: Buchen-Ringrübling;
Rückseite: Graue Speisemorchel)

Layoutkonzept Innenteil:
Parzhuber + Partner, München

Lektorat: Dr. Friedrich Kögel
Herstellung: Hermann Maxant

Layout und DTP: Anton Walter und DTP-Design Walter, Gundelfingen

Reproduktionen: Fotolito Longo, Bozen
Druck: Appl, Wemding
Bindung: Ludwig Auer, Donauwörth

Gedruckt auf chlorfrei gebleichtem Papier

Printed in Germany ·
ISBN 3-405-16021-9

Bildnachweis:

Alle Fotos Felix Labhardt, außer
Ewald Gerhardt: 55
Hermann Glück: 151
Otto Gruber: 25, 82, 84, 91, 94, 95
Peter Karasch: 18/19
Till R. Lohmeyer: 16, 17, 22, 61, 81, 113, 154

Foto S. 1: Birnenstäublinge *(Lycoperdon pyriforme)* und Gelbmilchender Helmling *(Mycena crocata).*

Foto S. 2/3: Olivgelbe Rauköpfe *(Cortinarius venetus)* im Bergnadelwald.

Foto S. 4/5: Ein Apfeltäubling *(Russula paludosa)* schiebt seinen roten Hut aus dem Moos.